Le journal d'un pâtissier

Author/黃偈　Photo/黃愛然

黃偈的甜點日記：

32道法式甜點與追夢隨筆

一 位 甜 點 師 的 成 長 日 記

Ying C. 陳穎 ── 一匙甜點舀巴黎站主

和黃偈相識雖然算晚，但我卻從「黃先生的甜點日記」時代就一直關注著他的發展與動向。當我和許多人還在猶豫著是不是要進入甜點學校、到底該不該轉職，他已經毅然決然地休學、開始在家中改裝的工作室製作甜點，用巨大的熱情去摸索、親炙這個世界。再後來黃偈來巴黎學習甜點，並在課餘時間前往法國各地探訪，帶回了許多收穫與疑問。他回到台灣創立了河床工作室，一開始在偏遠的新店山上，卻始終不缺熱情的支持者，所有前來的消費者都必須經過一番苦戰才能訂到位，接著還需舟車勞頓的長途跋涉，才有機會品嚐他的獨創甜點。後來河床從雲霧繚繞的山間，移轉到了台北市甜點一級戰區的信義安和落腳，在老字號與新品牌的強敵環伺中，依然笑傲群雄、一位難求，消費者天天在網路上比較到底要打多少次電話才能接得通。河床還有許多挑戰產業常規的經營模式，例如外帶甜點需消費者自備保鮮盒、不提供餐具等，但這個彼時只有 20 出頭的年輕甜點師，成功建立了許多傳奇。

不到 25 歲，黃偈已是所有自學甜點的年輕人憧憬的偶像、也是台灣甜點界社群媒體最重要的 KOL 之一，還曾是傳奇甜點店的主廚與經營者。雖然擁有如此多的頭銜，但回到甜點師本行，他的作品也有許多可觀之處。或許因為大部分時間都是充滿熱忱地自發研究、練習，黃偈幾乎沒有什麼包袱。與其他法式甜點主廚的作品相較，他個人風格特別強烈。許多台灣的甜點主廚會選擇以本地食材融入作品中、或是將傳統

的素材與概念轉化，再與法式甜點相結合，但黃偈更進一步，在主題的選擇上關照了更多台灣的生態與環境議題，諸如早期的作品土石流、樹蛙，後來的黑熊森林等等，在當代的甜點師中獨樹一格。而他或許也是這個業界最關心慈善議題的主廚，過往就有將甜點贈予街友、教視障朋友與安置機構的高中生製作甜點等經驗，河床工作室結束營業後，更直接將自己搬到台東，身體力行地完成過去許下的諾言，教偏鄉的小朋友做甜點。

《黃偈的甜點日記》記錄了他一路走來的點滴、也見證了一個台灣甜點師的養成。本書不僅分享了黃偈各階段的代表作品，更帶領讀者進入他的甜點世界、分享其人生體悟，這也是我閱讀本書最受感動之處。每一個甜點都是甜點師人生的一部分，不論是青澀少年時期療癒情傷、經營個人品牌與顧客交流、到成為擔負整個團隊的經營者的各種意氣風發與孤獨苦澀的時刻，甜點都從未缺席，更肩負了與他人建立情感連結的重要角色。本書雖是黃偈個人的成長之書，也當會成為一本勇氣之書，給予許多同樣有夢的年輕人啟發與鼓勵，能夠持續不斷地自我突破。

Le
journal
d'un
pâtissier

第一章：情傷蘋果派

如果要問我是從什麼時候喜歡上製作甜點的，我想可以追溯到我和「食物」之間的關係是從何時開始建立的。從很小的時候我就開始對動手製作食物感興趣，記得幼年的我很喜歡站在廚房裡看媽媽做菜，我也和其他小孩一樣從煎蛋開始練習最初的廚藝。

我出生在彰化的員林，但是媽媽為了讓孩子讀森林小學，帶著我和姊姊搬到了台北，住在靠近烏來的社區。一直以來我和媽媽的關係都很親，但我的爸爸忙於工作而鮮少有機會和孩子相處，所以我也一直覺得我不了解他，而他也不了解我。

當時爸爸仍在員林工作，所以大概一個月只會見一次面。有一次他來台北找我們，一回到家就說要教我做「烤布丁」。於是我就這樣跟著他走進廚房。從煮焦糖到製作布丁液，我仔細觀察每個環節與過程，那也是我第一次看著烤箱裡的東西必須隔水烘烤，這一切對我來說都很新奇，彷彿在變魔術一般。

於是國小五、六年級的許多日子，我幾乎每週都在做烤布丁，也常常提著一袋烤布丁給國小同學們品嚐。在我國小生涯還有一件「大事」，我就讀的學校規定，每一個六年級的孩子都必須完成一個「畢業製作」的挑戰。有些人選擇演一齣戲，有些人想上台彈吉他唱歌，有些人選擇完成一種研究，而我呢，選擇製作一份西餐，並在畢業時請老師們品嚐。

這個畢業製作到現在我仍然印象深刻，從前菜沙拉到主餐到最後的甜點，我必須設計出一套完整的菜單，讓同屆畢業生成為我的助手，共同完成這套西餐。小學六年，我耗費了大量時間練習和記錄，練習煮黑胡椒醬，練習煎牛排，練習做海綿蛋糕。在這有趣也很漫長的過程中，媽媽經常得陪著我完成這些練習和記錄。最後我順利完成這份西餐，提供給超過二十位老師和家長，那天晚上我也在心中立下了一個重要的里程碑。

然而我並沒有這麼輕易就立下了未來的志業，事實上國小的我喜歡打籃球、喜歡溜直排輪、喜歡打電動，那時候的我根本沒想到未來會走這一條路。

上了國中我開始融入新群體，嘗試了各式各樣的活動，我也漸漸忘記了自己曾經拿著鍋鏟著迷於製作食物。記得國中到高中這段時間我想做的職業很多，像是美髮師、幼稚園老師、室內設計師等等。直到高一的時候我談了人生第一次的戀愛，一瞬間整個世界好像什麼都不重要了。課業不重要、電動不重要、玩樂不重要，人生好像也無所謂了，但卻也在短短不到一學期的時間內失戀了。我第一次領悟到原來自己是如此地不堪一擊，我竟然在不知不覺中變成了一個愛情中的傻子。

失戀的我和戀愛的我一樣，什麼都不想做。失魂落魄的我，因為住校就順勢天天都睡到自然醒，醒來就去騎單車，那年我甚至因此瘦了十五公斤。但也慶幸認識了影響我很多的中文老師俞萱，她是一名詩人。因為她我開始寫作，於是在失戀期間我除了騎單車就是寫詩和寫散文。失戀的人似乎都有著難以言喻的魔力，可以寫出很多

自己都想像不到的文字，也會做出很多沒辦法解釋的行為。有一天我在學校裡散步，經過了通往校區的路上，突然看路邊的野草很不順眼，所以我就花了一個禮拜的時間拔光了走道旁雜草，再買了向日葵和各種花種子來栽種，然後天天過去澆水，天天看著那些嫩芽發呆。半學期過去了，向日葵開花了，其他的花也跟著綻放著，全校的人看著我都像在看外星人一樣，但那卻是我第一次覺得「我好像好了」的時刻。

一切都在好像要好起來的時刻，又突然崩壞了。

那幾天剛好放假不在學校，突然來了一個狂風暴雨的颱風摧殘了位於山區的學校，當我們收假回來，我看著我種的花田被夷為平地，殘破的沙石中，花兒的屍體還清楚可見。那一瞬間我的世界好像又被毀滅了一次，花上好幾個月的呵護和修復，一夕之間又沒了。除了失戀的難過走不出來，突來的噩耗又再度雪上加霜，令我萬念俱灰，什麼都不想做了。

恍然失神時，我經過了學校的一個空教室，裡頭擺放著一台冰箱和烤箱，突然間靈光一閃，也許是憑著本能，我知道現在的自己可以做些什麼了。我買了兩顆蘋果、一條奶油、一包麵粉、一包糖，花了一個下午做了一個蘋果派。那時已經進入秋天，天氣微涼，大家聞到了蘋果派的香氣都聚集到了這間教室，我將一個八吋的蘋果派切分成十幾份讓每一個人都嚐一點，很快就被瓜分一空。當時圍繞著我的學生們都露出了非常幸福的表情，雖然我一口都沒吃，卻彷彿也被施予了魔法般，剎那間我感覺自己被治癒了。

那是我第一次明白食物和人之間的關係，也第一次明白原來食物的力量如此之大，帶給品嚐的人幸福與快樂，而製作的人也能因此感到成就感，甚至能抑制傷悲。

因為學校是上十天的課休四天的假，且距離最近的一家超商要走路約兩個小時，山上除了正餐什麼都沒有。從那天起，我帶著兩個學弟妹開始做甜點，並且固定在每週的一個晚上販售自己做的手工甜點，像是蘋果派、乳酪蛋糕、烤布蕾，後來我還嘗試製作了馬卡龍。那時候只要到了營業的晚上，那間教室總是能被擠得滿滿的，甜點也總是在一個小時內就被買光。

那年我什麼都不做，就只做甜點。

01

Titre

{ 焦 糖 烤 布 丁 }

Les histoires de pâtisseries ————

從小其實我和父親的關係就不是那麼親近，小時候因為他會抽菸，所以都自己睡一間房，且工作應酬總是到深夜，每每回到家的時候，我們已經入睡，當我們醒來，他還仍舊深睡著。後來母親帶著我和姊姊到台北念書，每個月爸爸會來台北看一次我們，還記得當時因為關係很疏遠，連講電話都要媽媽拜託我說，連擁抱都需要給予獎勵才願意，是真的覺得很疏遠。或許是因為這樣，我想我的父親在我很小的時候就對我們有著虧欠感，好似他錯過了我和姊姊的童年，沒辦法盡到陪伴的責任，所以也總是不知道怎麼和我們對話，有時候只能用行為來向我們表示他的愛。

所以至今別人問起究竟我的甜點之路的起點是什麼，我還是會說「爸爸教的烤布丁」，那是除了煎蛋以外第一個學會製作的食物，也是第一次覺得烘焙像變魔術，簡單的雞蛋、糖、牛奶就可以變成布丁。但更深的意義也是父親傳遞愛的一種方式，我練習著烤布丁，而父親練習當爸爸。雖然現今有許多咖啡廳在製作烤布丁，每一間店也都有著自己的特色，烤布丁似乎也被做成越來越漂亮，越來越完美的一種甜點，但是不管怎麼品嘗，似乎都沒辦法比擬國小時烤的那個烤布丁。

後來我才發現，這就是甜點和人之間的連結吧，因為有故事，因為有溫度，所以難以忘懷，難以代替。大家的回憶裡有沒有什麼料理也是和人之間有著深厚的連結呢，下次有機會和我分享吧。

後記：在編寫這個配方的時候，我傳了訊息給父親，問問他是否還記得當初的烤布丁食譜，過年的時候我們又再一次一起回溫當時的烤布丁，希望你們會喜歡。

Ingrédient :

份量：7 個
模具：直徑 7cm 高 5cm 布丁杯

焦糖
砂糖 100g
飲用水 50g
熱飲用水 50g

布丁液
全脂鮮奶 525g
動物性鮮奶油 50g
砂糖 40g
香草莢 1 根
全蛋 150g
蛋黃 20g

{ 焦 糖 烤 布 丁 }

Recette ———————————————————————————

焦糖：

1. 將砂糖和水倒入鍋中，慢慢煮至焦糖化，再分次倒入熱水，完成焦糖。

2. 將完成的焦糖液倒入布丁杯中，每個杯子倒入 10~15g 的焦糖冷卻備用。

布丁液：

3. 香草莢剖半，刮下香草籽加入鮮奶、鮮奶油、砂糖煮至 60°C。

4. 全蛋、蛋黃攪拌均勻，並且分次倒入 (3)，攪拌均勻後過篩兩次。

5. 將完成的布丁液倒入布丁杯中，每個布丁杯倒入 7~8 分滿即可。

6. 在每一個布丁杯上以鋁箔紙覆蓋，並且以隔水的方式，以 140°C 烘烤 50 分鐘。

7. 直到取出表面凝固，並且可以牙籤測試中心是否熟透即可出爐。

8. 冷藏至完全冰涼後以小刀劃上一圈即可脫模享用。

02

———————————— *Titre* ————————————

{ 焦 糖 烤 布 蕾 }

❧ *Les histoires de pâtisseries* ─────────────────

其實烤布蕾對我來說是一個有點悲傷的甜點。

最早開始學習的是烤布丁，當時的我並不知道有一種東西叫做烤布蕾，一直到高中我才看食譜並第一次嘗試製作，那時候其實也沒吃過，只覺得好像和布丁大同小異，只不過部分的鮮奶換成了鮮奶油。當我第一次製作完後品嚐，真的完完全全被嚇到了，怎麼會有口感這麼濃厚的東西，而且留在口中的奶香味延續許久。那個時候雖然不會做慕斯，但是就開始明白「鮮奶油」的重要性，那也是我製作第一個使用到動物性鮮奶油的法式甜點。在國小國中當然偶爾也會製作甜點或者觀看甜點影片，但是在那個年代法式甜點並不流行，烤布蕾正式成為我第一個面對面的法式甜點。

後來大學休學，開始經營甜點日記的時候，我經常去擺攤，而烤布蕾也成為了攤位當中重要角色，我總是一次烤起來數十個烤布蕾，並且存放在保冰桶當中帶去擺攤。每當客人向我購買烤布蕾的時候我會從冰桶中拿出一個，撒上糖粉在他的面前炙燒出焦糖糖殼，問他夠不夠厚，要不要再燒一層。燒完後再放回冰桶，等待 20 秒鐘才交給客人，那是為了讓糖殼完全凝固。那時是 2013 年，照相手機還不流行，大家總是很專注地看著我炙燒著糖，真的是非常美好的過程，看著客人們用湯匙敲下糖殼，將烤布蕾吃進嘴裡，並且露出幸福的表情，那是一個甜點製作者最有成就感的瞬間。

至於為什麼烤布蕾對我來說是一個有點悲傷的甜點呢？

經營工作室的那段時間，我的貓咪時常會站在門口遠遠地看著我做甜點，不會靠近也不會偷吃，很像是家人的一種關心。但是有一次擺攤前夕，我將出爐的烤布蕾放在桌上，並且忙碌準備著其他事物，回過神來才發現已經被貓咪從桌上撥下來兩三個，並且被吃掉了很多，那時候我既生氣擺攤的東西被毀了，又生氣她吃了可能會影響健康的食物。後來在 2013 年的聖誕節，因為一些疾病又衰老，陪伴著我整整 15 年的她離開了。所以每當我看到烤布蕾，就會想起她，真的很想念她。

Ingrédient :

份量：6 個
模具：直徑 8cm 高 4.5cm
陶瓷布丁杯

烤布蕾液
蛋黃 60g
全蛋 25g
砂糖 40g
香草莢 1 根
動物性鮮奶油 200g
全脂鮮奶 200g

裝飾焦糖
純糖粉適量

{ 焦 糖 烤 布 蕾 }

Recette ——————————————————————————

1. 香草莢剖開刮下香草籽和鮮奶油、砂糖一起倒入鍋中加熱至 60℃。

2. 隨後加入冰的鮮奶至 (1) 攪拌，加入全蛋和蛋黃攪拌均勻，過篩兩次。

3. 將完成的布蕾倒入布丁杯中，每個布丁杯倒入 7~8 分滿即可。

4. 在每一個布丁杯上以鋁箔紙覆蓋，並且以隔水的方式，以 150℃ 烘烤 50 分鐘。

5. 將完成的烤布蕾冷藏至冰涼。

6. 食用前撒上薄薄的純糖粉。

7. 再以火槍炙燒成焦糖脆殼即可品嚐。

03

Titre

｛ 情 傷 蘋 果 派 ｝

Les histoires de pâtisseries ————

我常常回想起，當初我種的花因為颱風的關係而夷為平地
死光了，但如果天氣還是很好，花種得越來越好，我還會
去做甜點嗎？有沒有可能我最後反而成為一個花藝師呢？
命運就是這麼有趣，因為種的花死去而開始再次和甜點結
緣，也因為當初烤了這個蘋果派，今天的我才會成為一個
甜點師。

在規劃這本書的時候最讓我糾結的食譜就是蘋果派，因為
蘋果派有很多種呈現的形式，好比在法國就有反轉蘋果派
（酥餅配上焦糖蘋果）、或者蘋果千層酥（新鮮蘋果切片
放在千層上烘烤、像速食店一樣用炸的蘋果派。最後我決
定還是將我最初製作的版本分享給大家，讓大家能真的品
嚐到這個決定我甜點之路的重要甜點，當然甜點的名稱也
就堅持取名為「情傷蘋果派」。

當時在山上材料很有限沒辦法搭配其他食材，是真的只帶
著幾顆蘋果、奶油、雞蛋、麵粉就開始製作了。如果真的
想靠這道甜點療癒情傷的人，可以配上一坨打發的鮮奶油，
或者配上一球香草冰淇淋，配上剛出爐熱熱的蘋果派絕對
是秋天最美好的一件事，想悲傷都來不及。

其實高一製作這款蘋果派前我從來沒吃過蘋果派，也不
知道它應該有的樣子和口感會是如何，後來自己親自製
作才知道精髓在於將蘋果汁稍微逼出，配合著奶油和砂
糖進行焦化，最後配上恰到好處的肉桂就是它美味的關
鍵。年輕的時候其實完全不明白蘋果派的美好，總覺得
就是蘋果配上派皮是非常無聊的組合，一直到七、八年
後，當我到了台東當志工帶孩子們再次製作這款蘋果派，
才發現越簡單的事物有時候越迷人，越日常的糕點有時
候越使人無法自拔呢。

Ingrédient :

份量：2 個
模具：7 吋不沾派模

甜酥派皮
中筋麵粉 360g
無鹽奶油 220g
冰飲用水 115g
砂糖 35g
鹽 6g

肉桂奶油炒蘋果
蘋果 8 顆
無鹽奶油 70g
砂糖 100g
香草莢 1 根
肉桂粉適量
綠檸檬汁 10g
蘋果白蘭地 20g

增色蛋液
蛋黃 90g
動物性鮮奶油 8g
深色蘭姆酒 5g

{ 情 傷 蘋 果 派 }

Recette ————————————————————————————————————

增色蛋液：

1. 所有材料攪拌均勻，過篩 2 次。

2. 將完成的蛋液裝入小保鮮盒當中，冷藏備用。

肉桂奶油炒蘋果：

3. 蘋果削皮後切成不規則塊狀備用。香草莢剖開，刮下香草籽備用。

4. 先將砂糖和奶油放入平底鍋，開中火，奶油融化後，加入蘋果開始翻炒。

5. 隨後將香草莢、肉桂粉加入鍋中，拌炒至蘋果呈現焦糖色。

6. 最後加入白蘭地，點火燒酒精，並加入檸檬汁，離火後將香草莢取出放涼備用。

甜酥派皮：

7. 將奶油切成 1cm 的小方塊冷凍備用。冰水、鹽、砂糖攪拌均勻冷藏備用。

8. 將中筋麵粉和冰奶油以槳狀攪拌器慢速攪打至粉塊狀。

9. 將冰水加入油粉當中，攪拌成團後冷藏至少 1 小時。

10. 將麵團擀至 0.4cm，並捏入派模當中，將多餘派皮切除，並冷凍至定型。

11. 將剩餘的派皮再次擀薄至 0.25~0.3cm，並且切成寬度 1cm 長條派皮備用。

組合：

12. 將冰硬的派皮上壓上烤盤紙並放上重石或豆子，以 180°C 烘烤 25 分鐘。

13. 取出後取下重石，將派皮放涼備用。

14. 將蘋果填入烤半熟的派皮當中。

15. 在派上交錯放上切條的派皮。

16. 刷上薄薄的增色蛋液。

17. 以 180°C 烘烤 20~25 分鐘至派皮上色即可出爐。

18. 出爐後可以切塊，搭配香草冰淇淋一起品嚐更加美味。

04

———————— *Titre* ————————

｛ 乳 酪 蛋 糕 ｝

Les histoires de pâtisseries ————————

乳酪蛋糕是我自學的第一種蛋糕，也是在經營甜點日記時，最初接訂單做最多的一種甜點。乳酪蛋糕對一個初學者來說很好掌控，因為不需要打蛋白霜，材料添加的順序錯了也不至於搞砸成品。生乳酪蛋糕是依靠吉利丁凝固，而重乳酪沒有添加什麼麵粉，就是靠低溫慢慢烘烤，熟成後還要冷藏一夜才美味。

當時我以為我已經了解乳酪蛋糕，也以為自己已經掌握了它。直到後來我收到一個訂單，這個訂單來自法國，訂蛋糕的客人是一位在法國學法餐的師傅，他想訂一顆乳酪蛋糕送給在台灣的女友，而當他敘述那個乳酪蛋糕的時候我才知道原來烤一顆乳酪蛋糕要注意的細節這麼多，程序需要如此按部就班。

我依照他的敘述烤出來的第一個蛋糕的表面裂開，宣告失敗，自我檢討的時候就在想到底是溫度？還是攪拌太多空氣才導致這樣的問題呢？

所以把可能存在的原因都檢討一輪後再次製作，第二次我成功了！

我想這就是自學甜點的樂趣，因為沒有老師可以問問題，沒有人指導你，所以必須從失敗中找尋答案，有時候也不確定答案是哪一個。當然有時候會覺得很挫折，覺得靠自己學習的速度慢了許多，但是每當找到了一個答案，解決了一個瓶頸，看見自己著實進步了一些，就會覺得很滿足快樂。

現在回想起來仍然是很特別經驗，隔著幾千公里遠，能夠以自己的手藝替人傳達心意，很感謝當時那麼多人願意給我機會，讓我有機會從中學習，進而進步。

Ingrédient :

份量：1 個
模具：6 吋分離式蛋糕模

餅乾底
無鹽奶油 35g
消化餅乾 65g
純糖粉 15g

乳酪麵糊
奶油乳酪 300g
砂糖 50g
全蛋 50g
綠檸檬汁 10g
無糖優格 100g
動物性鮮奶油 50g
低筋麵粉 10g

｛ 乳 酪 蛋 糕 ｝

Recette ————————————————————————————————————

餅乾底：

1. 將餅乾裝入塑膠袋中，以擀麵棍壓碎和過篩的糖粉混合均勻。

2. 將奶油隔水融化並和糖粉、餅乾粉混合。

3. 將餅乾平均壓在模具底部，以 150°C 烘烤 15 分鐘出爐放涼備用。

乳酪麵糊：

4. 先在蛋糕模具上刷上一層薄薄的烤盤油備用。

5. 將砂糖加入奶油乳酪中拌軟，慢慢加入打散的全蛋至滑順沒有顆粒。

6. 隨後加入優格、鮮奶油、檸檬汁，期間繼續攪拌。

7. 最後加入過篩的低筋麵粉即完成麵糊，若麵糊有顆粒可以過篩。

8. 將麵糊倒入有餅乾底的模具中，並且輕敲模具讓氣泡跑出來。

9. 模具上下都用鋁箔紙包起來，並且隔水以 130°C，烘烤 80 分鐘。

10. 烤好後先在烤箱內悶 30 分鐘，隨後出爐放置室溫冷卻，可避免蛋糕表面龜裂。

11. 完成的蛋糕冷藏一夜更美味。

05

Titre

〔 芝 麻 鹹 蛋 黃 瑪 德 蓮 〕

Les histoires de pâtisseries ————

瑪德蓮也是在我最初接觸法式甜點所觸及的甜點之一，和大部份的台灣人一樣，剛認識這道甜點時只覺得就是法國的雞蛋糕。然而製作甜點到了第五個年頭，發現越簡單的事物其實越深奧，瑪德蓮剛出爐外酥內軟，但放置一夜回油後卻有著不一樣的口感和風味，不變的是咀嚼的過程若細細品味，便能品嚐到非常香濃的奶香和配料的香氣。

傳統的瑪德蓮不會將全蛋打發，只會將材料均勻混合，做出來的蛋糕體口感較為紮實，而有些傳統店家更會使用中筋麵粉製作，成品有似麵包的口感。而我建議使用日本的低筋麵粉來製作蛋糕，口感相當細緻，而將全蛋打發是因為自己喜歡蓬鬆感的瑪德蓮，另外此配方若製作完後直接烘烤也可以烤出肚臍，但時間若足夠還是建議冷藏一夜效果更佳。

另外瑪德蓮的口味變換其實很容易，只要掌握了基本的麵糊配方便能將不同的食材做更換。當時在製作這款芝麻鹹蛋黃瑪德蓮時正是希望瑪德蓮能和台灣傳統口味做結合，在麵糊當中加入少許的鹽之花，也能讓蛋糕更有層次呢。

Ingrédient :

份量：20 個
模具：瑪德蓮烤模 1 個

瑪德蓮麵糊
砂糖 110g
熟黑芝麻粒 40g
全蛋 130g
全脂鮮奶 35g
蜂蜜 25g
低筋麵粉 170g
泡打粉 8g
無鹽奶油 170g
鹽之花 6g

鹹蛋黃
市售鹹蛋黃 10 顆
深色蘭姆酒 適量

{ 芝 麻 鹹 蛋 黃 瑪 德 蓮 }

Recette ————————————————————————

瑪德蓮麵糊：

1. 將低筋麵粉、泡打粉過篩，並和黑芝麻、鹽之花混和。

2. 將砂糖、全蛋打發至泛白濃稠狀。

3. 鮮奶、蜂蜜加熱至 60° C，加入 (2) 以慢速攪拌均勻。

4. 隨後將 (1) 的材料一口氣加入 (3)，並且持續攪拌。

5. 最後將奶油隔水加熱融化至 60° C 慢慢加入麵糊當中。

6. 攪拌均勻後以保鮮膜貼面，冷藏一夜即可使用。

鹹蛋黃：

7. 將鹹蛋黃和蘭姆酒裝入保鮮盒，蓋上蓋子搖晃盒子使蘭姆酒充分沾附鹹蛋黃。

8. 將鹹蛋黃室溫醃製至少 30 分鐘，並以 150° C 烘烤 10 分鐘。

9. 出爐後切丁備用，若有用剩可將其冷藏或冷凍保存。

組合：

10. 模具噴上烤盤油刷均勻，擠上冷藏一夜的麵糊至 7 分滿並放上鹹蛋黃。

11. 放入烤箱以 180° C 烘烤 13~15 分鐘，出爐後立即脫模。

Le
journal
d'un
pâtissier

第二章：黃先生的甜點日記

高中畢業以後我前往嘉義的大學念外文系，但其實我並不想隨波逐流去拿個大學文憑，而是打算當完兵後尋求機會到國外學習，或是想辦法開始我的甜點之路。後來在家人的建議下還是進了大學，但半學期過後，心中的衝突與糾結卻愈深重，雖然我花了大把的時間在學習各種英文文法、句型，但只讓我了解到那些真的都不是我的興趣。也許在我內心深處埋藏了一顆種子，正緩慢卻堅定地生長，等待著破土而出。

於是有一天早上起床，不知道哪來的直覺，我撥了一通電話給我媽，說「那個，我等等要去休學哦」，我媽也只是說「好啊！你想清楚了有告知我們就好了。」於是下午就去學校辦理休學。其實當時的我還沒想清楚接下來的計畫，只是覺得再這樣耗下去也不是辦法。休學後的第一件事是整理了行李，騎著單車從嘉義一路往南，再往北，花了一個禮拜騎到了台東。也許這就是醞釀破殼而出的最後一計掙扎，騎到台東的時候突然有一種「我好像知道下一步」的直覺。於是我把單車運回台北，回到了家。

一週後，我將家裡沒用到的房間改造成我的工作室，用僅有的存款買了一台家用烤箱和桌上型攪拌器，開始在家裡做甜點。在這邊想提起的是我的家人，我的父母親不會寵小孩，但是給我充分的自由，無論我做什麼選擇他們都給予尊重並大力支持我。記得當時我回到台北開始做甜點時，媽媽默默買了一張很大的工作桌擺放在我的工作室裡，她不會告訴我要加油，不要放棄，但會用一種溫柔的力量讓我知道「你的背後有人在支持你，你就儘管做你想做的事就對了。」

就這樣我開始製作甜點，起初都是親朋好友在消化我製作的甜點，我也將作品分享到臉書上。當時朋友建議我創立一個粉絲團，分享製作甜點的過程和心得，於是我在 2013 年 1 月創立了「黃先生的甜點日記」。

這一切彷彿像早已安排好了一樣，從決定休學到創立粉絲團開始販售自己的手工甜點，只有短短兩週的時間，好像有什麼力量默默地支持自己在執行夢想。一個月後粉絲團的人數來到了一千人，那對當時的我真的像夢一樣，我沒辦法想像怎麼會有一千個陌生人在看一個什麼都還做的很不好的小弟弟做甜點，而且不只是看，還願意向我訂蛋糕並且支持我。那些蛋糕一點也不起眼，看得出來就是初學者製作的，對我來說這些人像菩薩一樣善良，我只想把握好這些機會，認真做好每一顆蛋糕。

那段時間我每週只面交三、四天，每天只會面交一到三顆蛋糕，六吋的蛋糕只要三、四百元，用的都是真材實料完全沒有賺錢，但我內心的喜悅無法言喻。當時的想法是賺的錢只要能夠支撐我再去買材料，我就能練習更多作品、持續精進。剛起步的我也沒有固定的菜單，只要客人描述訂製需求，考量自身能力可以達成，我就會盡力完成任務。

有許多客人讓我印象深刻，像有一位客人跟我說「下禮拜三我想訂一顆蛋糕，不要跟我說你要做什麼，價錢都沒問題」，面交那天他才告訴我「今天是我的生日，我想收到一個陌生人送的驚喜」。

當時我替每一位向我訂蛋糕的客人拍照，將蛋糕的故事和對客人的感謝寫下來，一直到我去當兵那整整半年累積了剛好一百位客人和一百則蛋糕的故事，現在想起來我還是覺得像一場夢。其實之後我創業開店，或者到偏鄉當志工，又或者是做任何公益行為，我都覺得除了家人我最感謝的就是當初那些支持我的客人，願意支持一個18歲的男孩做自己想做的事情，用實際的行動支持他的蛋糕，讓我永遠銘記在心！

等當兵的那段時間我也收到邀請回到小學帶小小孩做甜點，當時每週會有一天帶著國小二年級的小孩做蛋糕，這個任務對我來說其實蘊含著很深的意義。雖然不可能帶小二的學生做太難的蛋糕，但國小階段是興趣發展相當重要的年紀，我在國小種下了這棵幼苗，往後的日子這些新興的幼苗就有機會繼續往這條路發展，成為新世代的法式甜點師。

退伍以後我開始上法文課，也用空閒的時間繼續做甜點，並且轉換了方式。我開始到市集擺攤，從檸檬塔、巧克力塔、馬卡龍，一直到可麗露、瑪德蓮、達克瓦茲……等等，練習的種類越來越多，也開始從基本型的蛋糕慢慢變成練習傳統的經典法式甜點。退伍後初次擺攤，才剛過中午12點便排了長長的人龍，一直到開賣已經有上百個人排隊，有一半的客人都是在我當兵前就訂過蛋糕，他們告訴我「等我退伍很久了」，那一瞬間開心的淚水一直在我眼眶打轉。

18歲一直到20歲的那段日子就像一場夢，能夠做自己喜歡的事，得到這麼多的支持，然後一步

一步以自學的方式緩緩進步，那真的是最幸福快樂的一段日子。往後的日子，不論是到了法國、開店營業、或把店面暫停以後，我都時常想起這些人，這些無論我做什麼都用行動支持我的人，真的沒有你們，就沒有我。其實在「黃先生的甜點日記」創立後的一個月，我在心裡默默許下一個願，我覺得自己很幸運、很幸福，也很希望自己能將這份幸福分享出去，所以我在心裡許下「若有一天我真的做甜點做出屬於自己的一片天，我一定要用甜點來回饋社會」。

在2014年的夏天，在我即將起飛前往法國的前幾天，舉辦了一場野餐，那天正好是我的生日，我邀請所有在這段時間支持我的人來一起野餐，結果來了三百人，那天我哭了又笑，笑了又哭，真的就像一場夢一樣。

06

———— *Titre* ————

{ 柚 子 塔 }

Les histoires de pâtisseries ————

如果有人要我說出最喜歡的三種經典法式甜點有哪些，我想檸檬塔絕對會在其中，但如果有柚子塔這個選項，我必須很遺憾地跟檸檬塔說 bye bye！

對我來說檸檬塔是一個很兩極的甜點，通常不是很好吃就是很噩夢。在法國的那一年品嚐過很多檸檬塔，然而經常會吃到帶有鐵鏽味的檸檬塔，一開始我以為是自己的味覺出了問題，後來同行的友人才問我「這個檸檬塔是不是很不新鮮」，我才明白原來不新鮮的雞蛋和檸檬的香氣碰在一起就會出現鐵鏽味。所以吃到好吃的檸檬塔常常得靠運氣，有些店家可能因為蛋的品質比較不好，不管怎麼做就是有著令人難以下嚥的腥味。

在經營工作室的那段時間不曾碰到過這樣的問題，我想一部份是因為自己總是去買很貴的盒裝蛋，一部份則是因為只要有訂單我就會親手磨檸檬皮，自己壓出新鮮的檸檬汁，如此一來新鮮度就好上許多。

一直到在法國生活的那段時間，我終於吃到了柚子塔，一個日本師傅以日本柚子汁取代黃檸檬來製作奶餡，當我吃進嘴裡驚為天人，覺得非常清爽而清新的柚子香氣塞滿了口腔。所以即使日本柚子汁很貴，我還是在後來河床營業期間在檸檬塔裡添加了一點點的柚子汁，不但可以去除蛋味還可以增加非常清爽的香氣呢！

Ingrédient :

份量：2 個
模具：6 吋塔框 2 個

香草杏仁甜塔皮
無鹽奶油 130g
純糖粉 85g
鹽 2g
杏仁粉 40g
低筋麵粉 250g
全蛋 50g
香草粉 1g

柚子奶餡
日本柚子果汁 110g（可以檸檬原汁取代）
砂糖 120g
全蛋 160g
吉利丁混合物 14g
無鹽奶油 190g

柚子義式蛋白霜
砂糖 150g
日本柚子汁 40g
蛋白 50g

吉利丁混合物
冷飲用水 60g
200Bloom 吉利丁粉 10g

組合
市售日本糖漬柚子丁 適量

{ 柚 子 塔 }

Recette ─────────────────────────────────

香草杏仁甜塔皮：

1. 低筋麵粉過篩備用。杏仁粉、香草粉、鹽攪拌均勻備用。室溫全蛋攪散備用。

2. 將室溫奶油和過篩的糖粉攪拌均勻，勿打發。

3. 將杏仁粉混合物加入 (2) 當中，並且攪拌均勻。

4. 將全蛋分 3 次加入 (3) 當中，攪拌至確實乳化即可。

5. 低粉分兩次加入 (4)，攪拌成團後即可以保鮮膜包覆，冷藏鬆弛。

6. 取出冷藏至少 3 小時鬆弛的麵團，將麵團擀薄至 0.3cm，並且再次冷藏 15 分鐘，再次鬆弛。

7. 取出擀薄的麵團，裁切成圓片，即可冷藏備用。

8. 塔框上塗上薄薄的奶油，將塔皮捏入塔框中，以小刀切去多餘的塔皮。

9. 捏好後冷凍定型，隨後放入烤盤紙和重石，以 170°C 烘烤 15 分鐘至半熟，取出塔殼將重石取下，再烤 15~20 分鐘上色即可出爐。

吉利丁混合物：

10. 將吉利丁粉慢慢倒入冷水當中攪拌均勻。

11. 保鮮膜貼面冷藏至凝固，取出微波融化，再次攪拌均勻。

12. 保鮮膜貼面冷藏至凝固後即可切塊備用。

注意事項：此配方總重量為 70g，但只需取 14g 即可，剩餘冷藏備用，一週內需使用完畢。

柚子奶餡：

13. 將砂糖、全蛋攪拌均勻，再加入柚子汁。

接下頁 >>>>>

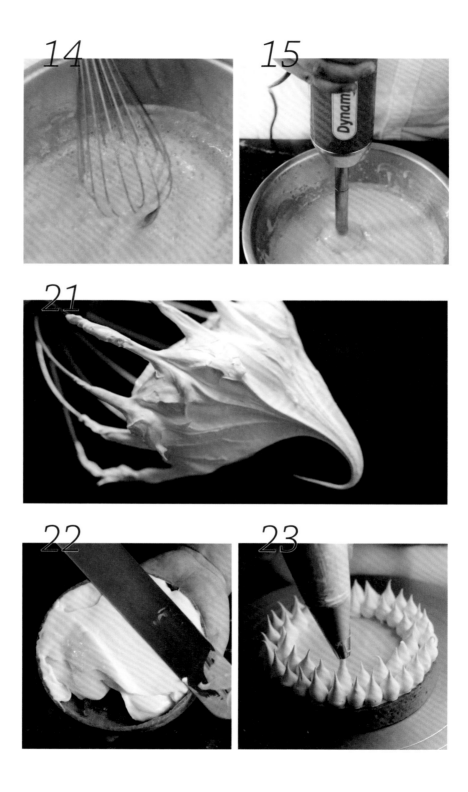

Recette

14. 將 (13) 隔水加熱期間一邊攪拌至 83°C，離火加入吉利丁。

15. 待 (14) 降溫至 45°C，加入切塊室溫奶油進行均質至完全乳化。

16. 將完成的柚子奶餡以保鮮膜貼面冷藏。

柚子義式蛋白霜：

17. 砂糖、柚子汁倒入鍋中加熱。蛋白倒入攪拌缸中。

18. 當柚子糖水溫度到達 100°C，開始打蛋白霜。

19. 當柚子糖水溫度到達 120°C，慢慢倒入蛋白霜當中，期間不停攪拌。

20. 完成的義式蛋白霜溫度和體溫相當且堅挺即可擠花。

21. 打好的義式蛋白霜請立即使用，若不立即使用將會消泡或硬化。

組合：

22. 將糖漬柚子丁放入塔殼當中，並填入柚子奶餡，抹平冷藏 10 分鐘凝固。

23. 在柚子塔上進行蛋白霜的擠花即完成裝飾。

07

— Titre —

{ 焦 糖 香 蕉 巧 克 力 塔 }

Les histoires de pâtisseries ———

在經營工作室初期，我都是以販售塔派還有乳酪蛋糕為主，因為練習捏塔是相當重要的一件事，所以初期除了販售乳酪蛋糕外，幾乎都是販售巧克力塔、檸檬塔、草莓塔。其中巧克力塔我是以香蕉作為搭配，但是當時不懂得如何處理水果，所以無論製作什麼樣的水果口味一律都是使用新鮮水果，沒有調味。雖然新鮮的香蕉配上巧克力已經很美味，但是經過幾年的修練以後，我開始尋找處理香蕉更好吃的方式，最後嘗試使用焦糖就覺得應該是絕配了！

還記得經營工作室的時候我總是親自面交每一顆蛋糕，其中一次一個女孩和我訂了香蕉巧克力塔，而面交時她遞了一個箱子給我，說是爸爸種的，回到家打開箱子香氣迎面而來，是品質相當好的香蕉。所以當時也總覺得這樣的經營模式很幸福，有時候不像是賣蛋糕，而是在交朋友。

大部分的人在挑選香蕉時都會挑正好熟透的香蕉，因為味道香且口感柔軟，但是在製作焦糖香蕉反而相反，因為熟透的香蕉若經過翻炒，很容易變成香蕉醬，失去了香蕉的口感。所以在營業店面時期我總是一早就到通化市場尋找帶點青綠的香蕉，雖然很硬且味道還沒出來，但是經過翻炒後焦糖的香氣會被香蕉吸附，卻依舊留下香蕉的 Q 彈。

我想製作塔類甜點也會開始認識許多基礎的內餡，好比卡士達醬、檸檬奶餡、甘納許，當時我在製作甘納許，因為很窮都只能買比較便宜且比較沒有風味的巧克力，開店以後才知道原來巧克力有這麼多產地，每一個產地都有自己的特色，像帶有果酸的，焦糖味的，又或者煙燻香氣的。

香蕉在台灣是經常過剩的水果之一，但卻也是最美味的水果之一，希望分享這個甜點後大家可以學著應用香蕉，讓平時對它無感的你重新愛上它！

Ingrédient :

份量：2 個
模具：6 吋塔框 2 個

巧克力塔皮
純糖粉 90g
鹽 2g
無鹽奶油 125g
杏仁粉 30g
全蛋 55g
低筋麵粉 210g
可可粉 30g

黑巧克力甘納許
動物性鮮奶油 350g
70% 黑巧克力 280g
葡萄糖漿 35g
無鹽奶油 70g

焦糖炒香蕉
香蕉 4 根
砂糖 50g
無鹽奶油 30g
深色蘭姆酒 20g

{ 焦 糖 香 蕉 巧 克 力 塔 }

Recette

巧克力塔皮：

1. 參照柚子塔的塔皮作法，p. 37。

備註：可可粉和低粉一同過篩，並與低粉（在步驟 5）一同加入攪拌。

焦糖炒香蕉：

2. 將砂糖煮至深色焦糖色，加入室溫奶油進行攪拌。

3. 將切塊的香蕉加入進行拌炒，隨後加入深色蘭姆酒。

4. 拌炒大約一分鐘後即可離火，冷藏備用。

黑巧克力甘納許：

5. 先將黑巧克力倒入鍋中備用，室溫奶油切塊備用。

6. 將鮮奶油和葡萄糖漿倒入鍋中，以小火煮至小滾後沖入巧克力當中攪拌均勻。

7. 將甘納許降溫至 35°C，加入室溫奶油後再次輕柔攪拌均勻。

8. 在塔殼當中填入滿滿一層的焦糖香蕉，隨後灌入黑巧克力甘納許至 9 分滿，即可冷藏凝固。

08

Titre

｛ 芝 麻 馬 卡 龍 ｝

Les histoires de pâtisseries ————

在自學法式甜點的過程裡，其實經常感到非常挫折，有時候挫折到好幾天都不想再碰甜點。那至今經歷過最大的挫折和瓶頸會是哪樣甜點帶給我的呢？

無庸置疑，我一定會說「馬卡龍」。

馬卡龍的製作有分成三種，分別是法式、義式、瑞士三種，而三種差異就是在打蛋白霜時的不同，法式是直接將砂糖和蛋白打發，義式是將糖水煮至 118°C 沖進蛋白中打發，瑞士則是隔水加熱蛋白和砂糖，再將蛋白霜打發。

最一開始我製作的馬卡龍都是基礎的法式蛋白霜打法，還記得前面幾次都失敗得慘不忍睹，當時網路沒那麼發達，根本找不到自己失敗的原因是什麼，甚至失敗太多次到最後還流下挫折的眼淚。但也因為自己的個性好強不認輸，所以在無數的練習以後，我終於成功了！那時高中二年級，我抱著那十幾顆剛完成的馬卡龍到處給人看，就像自己剛出生的寶貝一樣，想把這份興奮和快樂分享給所有人。有時候我覺得法式甜點迷人的地方就是這裡，成敗很兩極，只要成功了就會得到非常大的成就感！

一直到了黃先生甜點日記時期，我開始製作大量的馬卡龍，偶爾擺擺攤，偶爾把五顏六色的馬卡龍裝在盒子裡以訂單的方式販售。在這個過程中雖然也經常會遇到問題，但只要不放棄，並且繼續嘗試，從每一次的經驗中學到如何改進和進步，也能把一樣很難的甜點做好。

一般擠好的馬卡龍需要長時間在室溫乾燥結皮，然而台灣的天氣潮濕悶熱非常不適合以這樣的方式製作，再加上我住在山上濕氣非常非常重。所以我也找到了特殊的方式來解決這個問題，希望分享給大家後也可以讓大家輕鬆成功馬卡龍！

Ingrédient :

份量：50 顆
模具：馬卡龍烤布 2 張

義式馬卡龍
砂糖 170g
飲用水 46g
杏仁粉 170g
純糖粉 170g
蛋白 63g
蛋白 63g
食用黑色色素適量
黑芝麻粒適量

黑芝麻甘納許
動物性鮮奶油 180g
52% 黑巧克力 90g
牛奶巧克力 45g
無糖黑芝麻醬 45g
無鹽奶油 30g

{ 芝 麻 馬 卡 龍 }

Recette ————————————————————

義式馬卡龍：

1. 將糖粉過篩加入杏仁粉、第一份蛋白以刮刀壓拌成團。

2. 將砂糖和水加熱煮成糖漿。第二份蛋白和色素一起倒入攪拌缸中。

3. 當糖漿溫度到達 100°C，開始打蛋白。

4. 當糖漿溫度到達 118°C，慢慢倒入蛋白霜當中，期間不停攪拌。

5. 完成的義式蛋白霜溫度和體溫相當且拉起呈現彎勾即可。

6. 將義式蛋白霜分次拌入 (1) 中，拌完後拉起麵糊呈現緞帶狀。

7. 將馬卡龍擠在鋪上烤布的烤盤上，完成後稍微拍打烤盤，以牙籤戳破小氣泡，最後撒上黑芝麻粒。

8. 烤箱開旋風並以 70°C 風乾馬卡龍 7 分鐘，待馬卡龍表面不再黏手，即可升溫至 140~150°C，烘烤 15~20 分鐘，期間每五分鐘轉向一次烤盤。

9. 出爐後放涼即可將馬卡龍取下，若沒有要馬上夾餡可放置保鮮盒冷凍保存。

黑芝麻甘納許：

10. 將兩種巧克力混合倒入量杯備用。鮮奶油煮至小滾後沖入巧克力進行均質。

11. 將甘納許降溫至 35°C，加入切塊的室溫奶油、黑芝麻醬並再次均質。

12. 完成後的甘納許以保鮮膜貼面冷藏，大約 1~2 小時後即可取出使用。

組合：

13. 馬卡龍大小配對後擠上適量的芝麻甘納許夾起。

14. 夾好的馬卡龍建議放置冷氣房一夜，使甘納許濕潤馬卡龍內部，隔天即可享用外酥內軟的馬卡龍。

注意事項：若沒有要即時享用可以將馬卡龍放冷藏保存七天，冷凍保存最久一個月。

09

———— Titre ————

〔 花 生 達 克 瓦 茲 〕

Les histoires de pâtisseries ————

達克瓦茲算是我自己在自學甜點期間很早就認識的甜點，只是一開始並不明白這個甜點源自於哪裡，後來才知道這個甜點的發源地叫做「Dax」。我在法國生活的時候其實經常看到達克瓦茲，可是卻不見我們認知橢圓形兩片夾著內餡的造型，而是以兩個大圓片，中間擠上大量奶油霜製成的家庭式糕點。

後來才知道是日本人熱衷於將達克瓦茲做成橢圓形擠上少許的奶油霜並放置在常溫販售，變成伴手禮，變成方便攜帶的常溫點心。不管如何達克瓦茲在我的第一印象就不是以外觀取勝的甜點，一直覺得「我很醜，但是我很溫柔」這段話很適合達克瓦茲，雖然表面粗糙，但咬下去外酥內軟，材料相似於馬卡龍卻不那麼甜膩，因為添加少許麵粉更帶一點點的嚼勁。

然而達克瓦茲也是第一個使得我必須練習學會打好蛋白霜的一樣甜點，在我的配方當中蛋白霜的糖量並不多，當糖少蛋白多的時候，蛋白霜就會比較容易打過發，最後加粉類攪拌的時候相對也比較容易消泡。所以起初在自學達克瓦茲的時候確實也經歷了一段達克瓦茲不完美的時期，像是表面裂掉，烤出來很扁塌，都跟蛋白霜有很直接的關係。

關於達克瓦茲的記憶是我的父親其實不怎麼喜歡吃甜點，應該說法式甜點對他來說太甜了，但印象深刻的是他情有獨鍾達克瓦茲和可麗露這兩種小點心，達克瓦茲更是指定要花生口味的。所以當我在規劃這本食譜的時候，就決定準備花生達克瓦茲，讓這本食譜不只有少女們喜愛的甜點，也有中年男子限定。

Ingrédient :

份量：60 個
模具：矽膠墊 2 張、達克瓦茲模具 1 張

達克瓦茲餅皮
蛋白 400g
蛋白粉 10g（西班牙品牌 Sosa，台灣由聯馥食品代理）
塔塔粉 2g
砂糖 140g
低筋麵粉 70g
杏仁粉 250g
純糖粉 260g

花生奶油霜
全脂鮮奶 95g
蛋黃 45g
砂糖 90g
無鹽奶油 350g
花生醬 180g

義式蛋白霜
砂糖 50g
飲用水 25g
蛋白 50g

組合
花生醬 200g
鹽之花適量

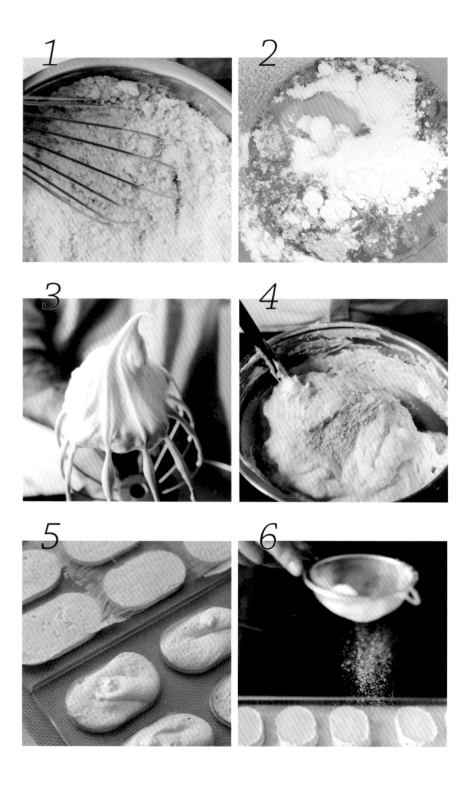

{ 花 生 達 克 瓦 茲 }

Recette ─────────────────────

達克瓦茲餅皮：

1. 將糖粉、低筋麵粉過篩並和杏仁粉攪拌均勻備用。

2. 將塔塔粉、蛋白粉、1/3 的砂糖加入蛋白中，以低速攪散。

3. 隨後以中高速將蛋白打發，並且分 2~3 次加入剩餘的砂糖，完成的蛋白霜拉起尖端呈現彎勾即可。

4. 將粉類分次加入蛋白霜中，以刮刀輕柔攪拌均勻。

5. 麵糊裝入擠花袋中，沿著模具的邊縫擠入，並抹平，再將模具拿起。

6. 在達克瓦茲上灑上兩次純糖粉，第一次吃進去再灑第二次。

7. 放入烤箱以 180°C 先烘烤 10 分鐘，再降溫至 170°C 烘烤 6~8 分鐘。

8. 出爐放涼脫模備用。

接下頁 >>>>>

Recette ——

花生奶油霜：

9. 將蛋黃、砂糖攪打至泛白。

10. 鮮奶煮至冒煙，分次加入 (9) 並持續攪拌。

11. 將 (10) 倒回到鍋中煮至 83°C，期間不停止攪拌。

12. 離火後倒入鋼盆降溫至 35°C，加入室溫奶油，並以高速攪打成奶油霜。

13. 加入花生醬至奶油霜。

14. 最後拌入剛打好的義式蛋白霜。

義式蛋白霜：

15. 將蛋白放置在攪拌缸中備用。

16. 砂糖、水煮至 110°C 時開始打蛋白。

17. 當糖水煮至 118°C 時慢慢倒入已經微微打發的蛋白中。

18. 以中高速攪打至室溫，拉起尖端呈現彎勾即可。打好的蛋白霜得立即使用，以免消泡。

組合：

19. 將達克瓦茲大小配對好，擠上一圈花生奶油霜，中間再擠上花生醬，並且撒上少許鹽之花。

20. 將另一片達克瓦茲蓋上，夾完餡料的達克瓦茲可放置冷氣房一夜，隔日即可享用外酥內軟的達克瓦茲。

10

———————— *Titre* ————————

﹛ 妮 妮 ﹜

Les histoires de pâtisseries —————————

在去法國以前一年多自學甜點的期間，大部份的食譜或者製作的甜點都是看書或者在網路上找食譜製作出來的，自己頂多只敢刪減某些材料，並沒有辦法自己創造一個甜點。妮妮這個作品則是我創作的里程碑，前往法國留學的前一個月我決定將自學的技巧融會貫通起來，創造出一款屬於自己的甜點。從最底部的「塔」是最初期練習的項目，塔裡頭的「蛋糕體」則是中期開始練習的項目，上頭的「馬卡龍」則像是大魔王一樣最終讓我駕馭它了。當然還有最重要的內餡「英式蛋奶醬」是眾多慕斯的基底，也是法式甜點經常應用的內餡。

至於為什麼這個甜點叫做「妮妮」，我時常不太好意思說，因為理由實在有點好笑，其實就是在設計這款甜點的時候正好在看蠟筆小新，而那一集妮妮正好是主角，就是這麼無聊的一個原因，哈哈。在自學期間我非常崇拜 Pierre herme，他的許多作品都非常令我驚豔，其中一款馬卡龍 Ispahan 甚至是自學期間經常挑戰的一個項目，所以在創作妮妮的時候我也以 Ispahan 的口味「玫瑰、荔枝、覆盆子」去創作，也是對 Pierre herme 的致敬，很謝謝他開啟了我對法式甜點的眼界，讓我看見食物原來可以這麼美，許多想不到的食材搭配在一起可以如此美味。所以籌備甜點店時，也二話不說將妮妮列為販售的品項之一，時時刻刻提醒著我最初對甜點熱情的感受和堅持，讓我想繼續學習、創作，做出更多撫慰人心的甜點。

Ingrédient :

份量：10 個	手指蛋糕	荔枝果凍	砂糖 60g
模具：直徑7.5cm高1.5cm	蛋白 70g	荔枝果泥 80g	荔枝利口酒 40g
塔框 8 個、直徑 3cm 半圓	砂糖 70g	綠檸檬汁 10g	
形矽膠模 1 張、馬卡龍烤	蛋黃 40g	砂糖 25g	義式馬卡龍
布 1 張	低筋麵粉 40g	吉利丁混合物 30g	砂糖 170g
			飲用水 46g
			杏仁粉 170g
香草杏仁甜塔皮	玫瑰英式蛋奶醬	玫瑰馬斯卡彭奶餡	純糖粉 170g
無鹽奶油 130g	動物性鮮奶油 250g	玫瑰英式蛋奶醬 300g	蛋白 63g
純糖粉 85g	蛋黃 50g	馬斯卡彭乳酪 180g	蛋白 63g
鹽 2g	砂糖 40g	玫瑰糖漿 18g	
杏仁粉 40g	吉利丁混合物34g（參	烘焙用玫瑰水 18g	組合
低筋麵粉 250g	照柚子塔，P. 37）		新鮮覆盆子 60 顆
全蛋 50g	玫瑰糖漿 15g	荔枝酒糖液	市售玫瑰果醬適量
香草粉 1g		飲用水 120g	

｛ 妮 妮 ｝

Recette ────────────────────────────────

香草杏仁甜塔皮：

1. 參照柚子塔，P. 37。

荔枝果凍：

2. 將荔枝果泥、綠檸檬汁、砂糖混合再加熱至 50°C。

3. 將吉利丁混合物加入 (2) 攪拌至溶解。

4. 完成的荔枝果凍灌入直徑 3cm 模具中冷凍凝固。

荔枝酒糖液：

5. 將糖和水煮至砂糖溶解，放涼後加入利口酒冷藏備用。

玫瑰英式蛋奶醬：

6. 先將蛋黃和砂糖攪打至泛白，並將鮮奶油加熱至冒煙。

7. 將鮮奶油分次倒入蛋黃中，攪拌均勻後再回到鍋中。

8. 一邊攪拌一邊煮至 83°C 離火，加入吉利丁。

9. 將蛋奶醬降溫至 40°C 加入玫瑰糖漿攪拌均勻，以保鮮膜貼面冷藏至凝固。

手指蛋糕：

10. 1/3 的砂糖加入蛋白中，中高速將蛋白打發，分 2~3 次加入剩餘砂糖，完成的蛋白霜拉起尖端呈現堅挺即可。

11. 將蛋黃拌入蛋白霜當中。

12. 分次加入過篩的低筋麵粉，以刮刀輕柔攪拌均勻。

13. 將麵糊裝入已放上圓形花嘴的擠花袋中，擠成直徑 6cm 圓片。

14. 撒上糖粉，以 170°C 烘烤 14 分鐘。

接下頁 >>>>>

Recette ————————————————————————

義式馬卡龍：

15. 參照芝麻馬卡龍。

備註：馬卡龍擠成直徑 7cm，烘烤時間拉長至 25 分鐘。

組合：

16. 玫瑰英式蛋奶醬加入馬斯卡彭、玫瑰糖漿、玫瑰水攪打均勻。

17. 將塔填入少許的玫瑰馬斯卡彭奶餡，並將蛋糕裁成直徑 6cm 的圓，塗上荔枝糖酒後塞入塔殼，補上奶餡後抹平。

18. 將荔枝果凍放在塔中央，並將新鮮覆盆子圍在塔上。

19. 將內餡補上一些在覆盆子上頭，在內餡中間放上少許玫瑰醬。

20. 最後蓋上馬卡龍即完成。

11

———— *Titre* ————

{ 草 莓 塔 }

Les histoires de pâtisseries ————————————————————

在經營工作室時期，最令人感到疲倦的事情大概就是買材料了，當時 18 歲的我其實對於採買食材沒有概念，不認識廠商，也不知道怎麼樣購買比較大量的食材，所以幾乎把所有賺的錢又都拿去買材料，前半年真的可以說是收入零元。無論是烘焙材料還是新鮮水果，都是直接去材料行或者大賣場購買，價格多上好幾倍。除此之外，也必須自己騎著機車跑非常多地方，由於能載的份量有限，家裡又只有一台家用冰箱，我幾乎每天都會到大賣場買草莓，然後製作成新鮮的草莓塔，當天又要再下山面交。雖然那是很累人的一個過程，但是現在回想起來都是美好的，而且好像做自己喜愛的事物時，無論再怎麼疲倦也都不會想抱怨，只會想更投入其中。

草莓塔、巧克力塔、檸檬塔，這三種塔正是一開始我自學甜點的主要甜點，其中草莓塔可以說是當時最熱門的甜點之一，或許是因為不懂得定價，我總是沒有把草莓的成本算進去，以至於大家都覺得這價格太佛心，殊不知我正在賠錢，哈哈。也因為草莓塔的關係，我開始學習製作好卡士達醬，那對一個剛開始自學甜點的人來說是相當重要的練習，如果連卡士達醬都沒辦法煮好，想必我也很難繼續自學其他的甜點。

Ingrédient :

份量：1 個
模具：7 吋菊花派模

香草杏仁甜塔皮
無鹽奶油 130g
純糖粉 85g
鹽 2g
杏仁粉 40g
低筋麵粉 250g
全蛋 50g
香草粉 1g

卡士達醬
全脂鮮奶 250g
玉米粉 25g
蛋黃 60g

砂糖 60g
無鹽奶油 25g
香草莢 1/2 根

杏仁卡士達內餡
無鹽奶油 50
杏仁粉 50g
純糖粉 50g
全蛋 40g
卡士達醬 80g
深色蘭姆酒 10g

草莓果醬
草莓果泥 100g
冷凍草莓果粒 100g
砂糖 20g

果膠粉 3g
綠檸檬汁 5g

組合
鏡面果膠 適量
新鮮草莓 25 顆

｛ 草 莓 塔 ｝

Recette

香草杏仁甜塔皮：1. 參照柚子塔，p. 37。

卡士達醬：

2. 將香草莢切開，刮下香草籽，加入鮮奶煮至冒煙，期間攪拌讓香草籽的香氣釋放在鮮奶當中。

3. 砂糖和玉米粉攪拌均勻，隨後加入蛋黃攪拌成麵糊。

4. 將熱鮮奶沖到麵糊當中，期間繼續攪拌，攪拌均勻後過篩回鍋中。

5. 一邊加熱一邊攪拌，直到卡士達呈現濃稠狀，離火攪拌均勻避免顆粒。

6. 回到火上持續攪拌並且大滾 30 秒 ~1 分鐘。

7. 離火後加入室溫奶油攪拌均勻，裝入容器以保鮮膜貼面，冷藏備用。

杏仁卡士達內餡：

8. 將卡士達醬打軟備用。

9. 室溫奶油、糖粉攪拌均勻，加入杏仁粉，隨後分次加入全蛋和蘭姆酒。

10. 攪拌均勻即完成杏仁奶油餡，將打軟的卡士達醬拌入後即可使用。

11. 在每個烤半熟的塔中填五分滿的內餡，並且以 170° C 烘烤 15~20 分鐘即可取出放涼。

草莓果醬：

12. 果膠粉、砂糖攪拌均勻備用。

13. 將草莓、草莓果泥倒入鍋中加熱至 30° C，加入 (12) 進行均質。

14. 開火一邊烹煮一邊攪拌，煮至大滾後離火加入綠檸檬汁，以保鮮膜貼面冷藏。

組合：

15. 先將新鮮草莓洗淨，以紙巾將草莓擦乾避免草莓變質，並且將草莓切對半。

16. 將鏡面果膠加熱軟化，將果膠刷在切半的草莓果肉那一面備用。

17. 草莓果醬拌軟後塗抹一層在杏仁卡士達塔上。

18. 將卡士達醬打軟，填入裝上圓形花嘴的擠花袋當中，並且以螺旋的方式將卡士達醬擠在塔上，大約 7~8 分滿即可。

19. 完成後排上新鮮草莓即完成裝飾。

Essai

跟世界戀愛的一頭獅子

吳俞萱 —— 詩人、實驗教育工作者

最初，我以為黃偈會成為一個詩人。他 16 歲失戀，種了一地向日葵。花死了，他開始做甜點、生出一篇篇抒情的散文詩。他 17 歲寫下的句子我還念念不忘，他說「濫情，是一個人拼命奔跑，永遠追不過被寄生的影子」；他說「抬起頭所看見的場景，都有責任成為世界」；他說「在戀愛之中，時間是一件不存在的事情。關於談戀愛，他們可能是最佳的典範：他們不談，全然戀愛。」

18 歲那年，他交了女朋友，第二次約會他問女孩：「你不覺得人好像是這個世界上最完整的風景嗎？」這句話也成了他對自己的速寫：20 歲赴法國學甜點，21 歲創立「河床法式甜點工作室」，運用突破框架的奇想、嚴謹的製作工法，創造一個個會說話的藝術作品。他對抗超時的工作生態、選用公平貿易的有機巧克力、叮嚀外帶的客人自備保鮮盒、運用休假去教弱勢少年做餅乾⋯⋯

完整是什麼？當 22 歲的他說起營生的波折，語氣沒有一點波折。我告訴他：「從前你是一團火球，自顧自焚燒轉動，有時帶來光亮，有時灼傷。現在你是水了，任意流動，還承載了無數生命漂向遠方。」他說：「以前我覺得自己是一條線，別人靠過來，就得加入我一起前進，不能穿越我，不能違背我。現在，我不再那麼自以為是，我學著包容，學著聆聽各種不同的聲音。」他在事業巔峰的 24 歲，收起甜點店，前往台東「孩子的書屋」當志工，帶領一群孩子做甜點。

黃偈告訴我任何奇形怪狀的想法，我打從心底相信它們能夠成真。他的每一塊蛋糕、每一個決定、每一次生命的轉向，都有夢的氣息。他的夢幻來自於他對生命有一種很深的信任，於是他可以肆無忌憚、全然敞開地去闖蕩未知的一切。小時候他告訴媽媽：「我想要去跳河！」媽媽回他：「去啊！你想做什麼事，媽媽都支持你！」他那無度的闖蕩，根植於媽媽給了他無度的愛。

闖蕩的路上，他身心敏銳地感受新鮮的事物向他撞來，而他無法停止與它們對話。他習慣活在過去、現在與未來迴環翻攪的狀態，不斷透過新的體驗來反思和重塑他原本的世界觀。嘗試，修正，重來一遍再一遍。他對自己很嚴屬，所以他對自己的愛與信任也很強韌。他一點也不害怕垮掉，若是真有那樣強大的力量能撼動他舊有的認知，他會欣喜若狂地撲擁上去。

他對安逸過敏，享受挫折和衝突，越大的困境越能勾引他犯難突破。撞上牆，那就破牆而出！他不怕受傷，也不怕從頭來過。是的，他是瘋子。他是跟世界戀愛的一頭獅子，他的英勇不是他征服了幾片荒野，而是留在他身上的傷痕說明了他經歷過無數美麗和孤獨的風暴。正因為他瘋狂且細膩地佔據那些邊界之外的經驗和智識，於是他擁有更大的勇氣、視野和擔當，能夠挑戰更大的冒險和創造。

每一秒，他都在狂奔遠行。他教給我的自由與完整，就是透過不間斷的反思和行動，靠向自己的真實意願。年少那個寫詩的黃偈，如今活成了一首詩，叫人直面自己的心。

Le journal d'un pâtissier

第三章：二十歲的單程機票

2014 年 8 月我啟程了，飛到法國開始新的旅程。這趟旅程是我心中期待許久的夢想，在高二的時候就聽說過法國的甜點工藝很厲害，但總不敢妄想自己真的有機會到法國學甜點，所以只敢做做白日夢。真的到機場，上了飛機才驚覺我真的要展開新的旅程，我真的要去圓夢了。還記得在飛機上的 12 個小時，我從沒闔眼，既興奮又害怕的心情不停在心中敲動著自己。

我的第一站並不是巴黎，而是先在南法波爾多住了三個月，在語言學校念法文。但波爾多也已經讓我眼界大開，路上隨機走進一間麵包店，都可見玲瑯滿目的法式傳統糕點，而波爾多也正好是可麗露的發源地，所以也能隨處可見可麗露的專賣店，當時吃了一個可麗露卻讓我眉頭一皺，才知道「原來法國人喜歡的可麗露是這種味道。」和台灣人習慣的口味差異很大。除了可麗露也坐車到近郊的 Saint-Emilion，品嚐了古早做法的馬卡龍，見識到許多法式甜點現代化前的原貌，雖然創新很重要，但如果沒有傳統糕點，我想法式甜點也沒有辦法有今天的演進吧。

其實我剛到法國的第一個月還不適應這裡的生活，或許是第一次離家這麼遠，或許是因為沒有什麼朋友，還被租房的仲介欺負，在波爾多生活的第一個月即使被美景包圍著，還是常常一個人低頭漫步在公園裡，想念著家鄉提不起勁。雖然回到台灣後回想起在波爾多的日子都會覺得當時花太多時間難過，但練習面對孤獨，練習一個人在異地生活、生存，也是人生必經的一個過程。有時候也很慶幸自己選擇了波爾多，有一個這樣溫柔的溫床讓自己適應異鄉。

過了一段時間我才振奮起來好好生活，假日一個人去逛二手市集，坐在路邊吃三明治，到河邊溜直排輪，做一碗牛肉麵懷念家鄉。當語言學校下課，同學們都相約去酒館喝酒聊天，我就一個人穿梭在波爾多的老城當中，尋找更多小店，發掘更多法式甜點。有時候貼近一座城市最快的方式，就是迷失其中吧。

有幾樣甜點是我剛抵達波爾多時嚐到就念念不忘的，像是聖多諾黑、草莓蛋糕、法式蛋塔等等。好像真的抵達法國後才剛開始認識法式甜點，也才剛開始了解自己要踏入的領域非常廣闊。對我來說，在法國的生活比起學校課程，吃和看似乎才讓我學習到最多，畢竟拓展了眼界才知道自己想做什麼，要做什麼，才能創作出自己的作品。

除此之外，到法國以後連生活、飲食習慣也不得不和法國人同步。早餐原本習慣來一份蛋餅，在法國變成了鹹派；下午肚子餓找不到小吃攤，而是到麵包店買一支剛出爐的長棍麵包。一開始我不能理解乾硬的長棍麵包有什麼迷人之處，後來才慢慢領悟到每一間麵包店都有屬於自己獨特的麵粉香。我也漸漸習慣正餐以後要喝茶吃甜點才算圓滿結束，即使沒有手搖飲料，法國生活的期間我也整整胖了十公斤，回到台灣總是有人問我在法國有沒有遇到什麼困難，我總是說維持體重應該比其他的事情都還要難上許多。

在波爾多的日子很像是迎接新生活前的暖身。這是一個舒適的城市，步調和緩、人們友善、物價又低廉，每次大家要我舉例時，我都會形容波爾多就像法國的台南。因為真的很熱愛這座城市，

每當我有機會再回到法國，我一定會買張車票到波爾多住上幾天。在自己熟悉的街道或者森林散散步，然後吃一份波爾多牛排，若能再外帶可麗露就是最幸福的事情了。

結束了波爾多的生活後，我獨自一人搬到了巴黎，等待甜點學校開學。到了巴黎面對地又是一個更嶄新且遼闊的世界，每一區都有當地的甜點名店。我常常會佇立在甜點櫥窗前目瞪口呆，內心喃喃自語「原來法式甜點可以做成這個樣子。」搬來的時間點很幸運正值聖誕節，每間甜點店都有裝飾華麗的聖誕節蛋糕。這種蛋糕最古早的模樣就像是木柴，所以也有別名取作為木柴蛋糕，但是隨著時代的演進，各種形狀、裝飾和口味搭配的聖誕節蛋糕百家爭鳴。

那年也是我第一次在國外度過聖誕節，為了給自己一個難忘的經驗，便搭車前往「史特拉斯堡」，參加全法國最大的聖誕節市集。在那裡喝著熱可可和熱紅酒，逛著一個又一個手工藝品的攤販，然後堆著雪人玩起雪仗，體驗傳統歐洲文化氛圍，這是我度過最難忘的一次聖誕節。

結束了史特拉斯堡的聖誕假期，帶著心滿意足的心情回到了巴黎，帶著既緊張又興奮的心情，準備迎接我的第一堂甜點課！

12

—————— *Titre* ——————

{ 可 麗 露 }

Les histoires de pâtisseries ————

有一些甜點可能是因為一些人事物而有了靈感，進而被我創作出來，成為原創的甜點。而有一些甜點很古老，有著自己的形狀，自己的故事。有些可能因為太久遠而不可考，但無庸置疑的是可麗露出自於法國第三大城 —— 波爾多，而波爾多其實也和自己有著很大的淵源。

20 歲前往法國的第一站並不是巴黎，而是波爾多，我在這裡念了一學期的語言學校，也走遍了波爾多的大街小巷。波爾多是一個緩慢又有人情味的城市，從早到晚都有人坐在草皮上、河邊一邊喝著紅酒一邊發呆。也因為是可麗露的發源地，幾乎每一間甜點店、麵包店都販售著自己的可麗露，有些酒香味濃厚，有些香草籽遍佈，每一間店都有自己的特色和風格。有時候吃著可麗露就會覺得好不可思議，兩、三百年前的人不知道怎麼創造出這樣的甜點，用著黃銅色的銅模刻意將麵糊烤焦，卻外酥內軟又濃郁，到了現代依舊是人人著迷的糕點，真的很令人佩服。

一個人搬到了幾千公里遠的異地，說真的寂寞常常湧入心頭，總是沒辦法很真切地欣賞波爾多的美好。寂寞可以讓所有美好的事物都失去色彩，好比我走在城市的巷弄裡，覺得氣候宜人，覺得房屋整齊又美麗，覺得每一間小店的商品都很新奇，但因為寂寞而失去了意義。

只是有一天起床，一個人走在星期六的波爾多街頭，買了剛出爐的可麗露，一個人坐在河堤邊品嚐著，一邊想著幾百年前它是如何誕生，寂寞也就不知不覺告別了。

這麼多年過去了，偶爾吃到了可麗露就會想起很多美好的回憶，一直到現在波爾多都還是法國我最喜歡的城市，緩慢的步調和街道，濃濃的人情味，這或許就是食物和一座城市最迷人的連結吧。想想在台灣好像也是這樣，熟悉著某一個鄉鎮的料理，無論過了多久，當我們再次嚐到，美味總是其次，回憶才是第一個湧上心頭的感動。

Ingrédient :

份量：15 個
模具：可麗露模具 15 個

可麗露麵糊
全脂鮮奶 620g
砂糖 270g
無鹽奶油 56g
香草莢 1 根
全蛋 115g
蛋黃 45g
低筋麵粉 165g
深色蘭姆酒 30g

{ 可 麗 露 }

Recette ───────────────────────────

1. 將香草莢切開，刮下香草籽，連同莢加入鮮奶、砂糖、無鹽奶油加熱至 60° C 離火降溫。

2. 低筋麵粉過篩備用。蛋黃和全蛋攪拌均勻備用。

3. 當 (1) 降溫至 50° C 時分次加入低筋麵粉拌勻，而後加入蛋黃和全蛋，期間持續輕柔攪拌。

4. 麵糊過篩 2 次後加入深色蘭姆酒攪拌均勻，以保鮮膜貼面，至少冷藏一夜。

5. 將模具刷上烤盤油，並且冷藏模具至烤盤油凝固在模具上。

6. 將冷藏一夜的麵糊取出，輕輕攪拌均勻，並倒入模具至 8 分滿。

7. 以 195° C 烘烤 1 小時，期間若可麗露超出模具可以用夾子敲一敲模具，使可麗露回到模具當中。

8. 出爐後放涼即可享用，不建議隔日食用。

13

———————— *Titre* ————————

{ F L A N }

Les histoires de pâtisseries ————

在法國有很多販售麵包和甜點的店家，但是在我心中其實
默默分類成傳統店和現代店，傳統店其實就有點像是我們
日常都會去買來吃的店家，價格比較低，甜點或者麵包都
是以日常所需為主，並不會販售特別精緻或者華麗的糕點。
住在法國的那段時間，傳統店幾乎是自己兩天就會去一次
的店，因為在外用餐主食很難是我們吃習慣的米飯或者麵
條，大多都是到麵包店買一個三明治或者鹹派又或者帕尼
尼來解決一餐。有時候想吃甜點，但預算有限，就會找一
間傳統店，看看哪一款的甜點較為新鮮可口就買上一個。
而法式布丁塔 Flan 就是一款傳統店一定會出現，現代店很
少出現的糕點。在捏高的派皮當中填入卡士達餡，烘烤至
表面金黃色，冷卻過後切片就可以直接販售。雖然只是簡
單的餡料，但不知道為什麼，每次一眨眼就吃完了。有些
店家會使用甜塔皮，有些店家使用千層派皮，有些店家則
使用鹹派皮，但不管用哪一款皮重要的就是新鮮。

雖說是布丁塔，但其實它更像是將卡士達直接與塔派結合，
比起布丁更加 Q 彈，每一間店都有著自己的特色，我自己
最著迷的就是加入大量香草，必且在派皮當中加入適量的
鹽，甜甜鹹鹹的滋味真的非常迷人呢。在這個配方當中我
使用了一款沒有加蛋，沒有加鮮奶，材料非常簡單的派皮，
即使沒有摺疊依然有層次感，希望你們會喜歡這份簡單的
美味。

Ingrédient :

份量：1 個
模具：8 吋深派模 1 個

法式布丁塔內餡
蛋黃 17g
全蛋 60g
砂糖 85g
玉米粉 48g
香草莢 1 根
全脂鮮奶 572g
動物性鮮奶油 135g

甜酥派皮
中筋麵粉 150g
無鹽奶油 90g
冰飲用水 48g
砂糖 15g
鹽 3g

裝飾
鏡面果膠 適量

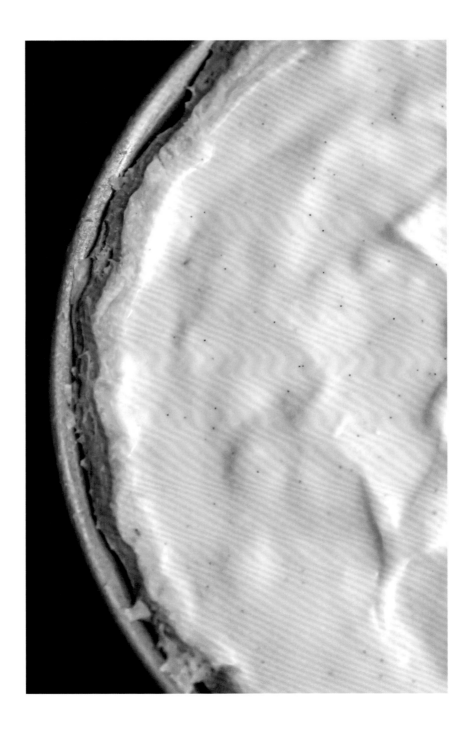

{ F L A N }

Recette ───────────────────────────────

甜酥派皮：

1. 參照情傷蘋果派，p. 21。

法式布丁塔內餡：

2. 先將冰硬的派皮上壓上烤盤紙並放上重石或豆子，以 180°C 烘烤 25 分鐘。

3. 取出後取下重石，將派皮放涼備用。

4. 如同製作卡士達醬。先將香草莢切開，刮下香草籽並且和鮮奶油、鮮奶加入鍋中，煮至冒煙小滾。

5. 砂糖、玉米粉、蛋黃、全蛋攪拌均勻，分次將 (4) 倒入，期間持續攪拌，並且過篩回鍋中。

6. 開小火，一邊攪拌一邊加熱，直到濃稠、大滾持續 30 秒後即可關火。

7. 將煮好的內餡直接倒入烤半熟的甜酥派皮當中，並且以 185°C 烘烤 40~50 分鐘，出爐在表面刷上鏡面果膠即完成。

8. 完成的 Flan 法式布丁塔建議冷藏至完全冷卻再分切食用，口感更佳。

14

————— *Titre* —————

{ 史 特 拉 斯 堡 }

Les histoires de pâtisseries ——————————————

結束了在波爾多的生活後，我搬到了巴黎，但更正確來說是搬到了凡爾賽，因為甜點學校是在巴黎的最外圍，所以我便決定在凡爾賽落腳。開學以前決定好好度過這一個能在歐洲體驗的聖誕節，並提前訂了車票，在史特拉斯堡度過了聖誕節和跨年。

來到法國後第一個度過的節日就是聖誕節，這個聖誕節大概也是出生以後第一次這麼期待，想去親身體驗全法國最大的聖誕市集。史特拉斯堡的市中心放置了一棵非常非常龐大的聖誕樹，這輩子應該很難再看到更大的了，而且這棵樹是真的樹，就像一棵神木一樣坐落在市中心。夜晚的時候聖誕市集的燈亮了起來，一排又一排以木頭搭建的小店鋪充滿了溫度，有些販售著熱紅酒和熱可可，有些販售著手工的陶瓷藝品，有些則是道地的小吃。在法國住了整整一年，發現其實法國聖誕市集販售的項目大同小異，但卻又讓人忍不住在一排又一排的小木屋穿梭。雖然不停下著雪淹沒了雙腳，但濃濃的節日氣息搭配著一杯熱可可，心都暖和了起來。

史特拉斯堡其實是法國的邊境，過了一條河就到了德國。當時走在史特拉斯堡的街道上，偶然看見了傳統的黑森林蛋糕，心裡面便想著如果能夠以聖誕節和黑森林蛋糕做結合，就會是一個記憶這趟在史特拉斯堡度過聖誕節的美好記憶。於是我使用了黑森林的必要元素，並且製作成了聖誕節蛋糕的模樣，兩端的聖誕樹餅乾更是我對史特拉斯堡的美麗印象。

Ingrédient :

份量：18 個
模具：9 連半圓柱長條形
矽膠模 2 張，聖誕樹餅乾
模具大、小各 1 個

法式巧克力海綿蛋糕
蛋白 105g
砂糖 105g
蛋黃 112g
可可粉 23g
低筋麵粉 25g
無鹽奶油 28g

黑巧克力打發甘納許
A 動物性鮮奶油 300g
64% 黑巧克力 260g
葡萄糖漿 40g
B 動物性鮮奶油 600g

櫻桃白蘭地打發甘納許
A 動物性鮮奶油 190g
白巧克力 120g
吉利丁混合物 30g
B 動物性鮮奶油 200g
櫻桃白蘭地 20g

竹炭可可餅乾
純糖粉 100g
低筋麵粉 240g
無鹽奶油 130g
杏仁粉 40g
全蛋 60g
竹炭可可粉 30g

櫻桃白蘭地糖酒
飲用水 25g
砂糖 25g
櫻桃果泥 100g
酒漬櫻桃酒 25g
櫻桃白蘭地 25g

香緹鮮奶油
動物性鮮奶油 150g
純糖粉 10g

白色巧克力噴霧
白巧克力 150g
可可脂 150g
白色油脂色粉 適量

組合
酒漬櫻桃 適量
冷凍綜合莓果粒 適量

{ 史 特 拉 斯 堡 }

Recette ——————————————————————————————————

法式巧克力海綿蛋糕:

1. 先將可可粉、低筋麵粉過篩備用,奶油微波融化備用。

2. 將三分之一的砂糖加入蛋白並以高速攪打,期間分 2~3 次加入剩餘砂糖。

3. 完成的蛋白霜拉起尖端呈現堅挺,即可拌入蛋黃攪拌均勻。

4. 將過篩的粉類分次加入 (3) 當中,以刮刀輕柔攪拌均勻。

5. 均勻後取出少部分麵糊和融化的奶油攪拌均勻進行預拌,再倒回原來的麵糊,此動作可避免奶油沉澱。

6. 將麵糊均勻抹在已經鋪上烤盤紙的 30×40 烤盤上,並以 180°C 烘烤 15 分鐘。

7. 放涼後將蛋糕裁切成 7.5×3cm 的長方形備用。

黑巧克力打發甘納許:

8. 黑巧克力放入耐熱量杯中,將鮮奶油 A、葡萄糖漿煮至小滾倒入,進行均質。

9. 均勻後再慢慢倒入鮮奶油 B 並且持續均質。

10. 完成的甘納許以保鮮膜貼面冷藏至少一夜才可使用。

櫻桃白蘭地打發甘納許:

11. 將吉利丁、白巧克力倒入量杯備用。

12. 將鮮奶油 A 煮至小滾,倒入 (11) 均質。

13. 均勻後再倒入鮮奶油 B 並且持續均質。

14. 最後加入櫻桃白蘭地均質,以保鮮膜貼面冷藏至少一夜才可使用。

竹炭可可餅乾:

15. 參照柚子塔的塔皮作法,p. 37。

備註:竹炭可可粉和低粉一同過篩,並與低粉(在步驟 5)一同加入攪拌。

塔皮擀薄至 0.25cm,以聖誕樹模具裁切,並且以 170°C 烘烤 15 分鐘,出爐備用。

接下頁 >>>>>

Recette ───────────────────────────────

櫻桃白蘭地糖酒：

16. 將水、砂糖、果泥加熱至砂糖溶解。

17. 放涼後再加入兩種櫻桃酒即可冷藏備用。

香緹鮮奶油：

18. 將鮮奶油、糖粉倒入攪拌盆，以高速攪打至可以擠花的軟硬度即可。

白色巧克力噴霧：

19. 將所有材料微波或隔水加熱至 45°C，均質後即可使用。

組合：

20. 將櫻桃白蘭地糖酒液刷在裁切好的巧克力蛋糕上，並擠上一條香緹鮮奶油。

21. 酒漬櫻桃、綜合莓果粒均勻放置在鮮奶油上，並冷凍備用。

22. 將打發黑巧克力甘納許打發，並擠入矽膠模具中，將其抹勻。

23. 定型的 (21) 放入矽膠模具中，並在縫隙補上打發甘納許抹平，冷凍定型。

24. 將櫻桃白蘭地甘納許打發，並且將定型的蛋糕脫模，以小刀插至蛋糕底部。

25. 將打發的櫻桃白蘭地甘納許以抹刀用不規則的方式，在蛋糕表面製造波紋，將蛋糕再次冷凍定型。

26. 先將冷凍的蛋糕脫模放在烤盤上，以噴槍噴飾白色巧克力噴霧。

27. 將竹炭可可餅乾的背面擠上少許打發的櫻桃白蘭地甘納許，並均勻黏貼在蛋糕上，兩側則用大聖誕樹黏貼，即完成裝飾。

───────────────────────────────

15

Titre

{ 泡 菜 年 糕 鹹 派 }

Les histoires de pâtisseries —————

在抵達法國以前，我從未品嚐過真正的鹹派，對我而言吃鹹派好像不如吃 Pizza，對於主食變成派的想法很難轉過來。直到我到了法國事情完全顛倒了，鹹派變成我在法國的蔥抓餅加蛋，若出門肚子餓就會找一家麵包店，隨意點一個鹹派，並且請店家替我加熱，冷冷的天氣坐在路邊品嚐熱熱的鹹派真的是非常享受的一件事。有時候假日我會睡到自然醒，不特別坐車到巴黎的市中心，就是帶著錢包和耳機在凡爾賽的鎮上逛逛，但是一定有的行程就是去金子美明師傅在凡爾賽開設的甜點麵包店，買一個鹹派一個巧克力可頌，回家後再煮一杯熱的鮮奶茶，就是最最最完美的早餐。早上購買的鹹派不需要回烤，雖然不是熱的，但是派皮仍舊酥脆，餡料也還未使派皮軟化，真的很棒！

有趣的事情是我在法國的甜點課並沒有教鹹派，後來我發現甜點店不一定會販售鹹派，但是麵包店絕對會，而且會被做成非常多種口味，或許在法國鹹派是被歸類在麵包類吧。回到台灣後我也在自己的甜點店販售鹹派，只是我製作的鹹派很台式，發現與其放入那些很洋派的餡料，自己更喜歡的是亞洲口味的餡派。像是沙茶牛肉、泡菜年糕等等，有時候台式和歐式的東西碰撞在一起反而會是很特別且迷人的組合，但是不得不說每次有人內用鹹派時整間甜點店都瀰漫著濃濃的氣味，總擔心其他客人被干擾到無法好好品嚐甜點，哈哈。

這次想和大家分享的口味是泡菜年糕，其實鹹派就像是日本的大阪燒，也就是喜好燒，看看冰箱剩下什麼樣的材料，稍微快炒一下，倒入派皮當中，再加入起司絲和蛋奶餡，出爐就是超美味的鹹派了！所以大家可以依據自己喜歡的食材來變化鹹派的配方哦！

Ingrédient :

份量：2 個
模具：八吋深派模 2 個

鹹派皮
無鹽奶油 150g
中筋麵粉 330g
鹽 5g
砂糖 14g
全脂鮮奶 90g
蛋黃 30g

鹹派內餡
培根 15~25 片
洋蔥 3 顆
蒜頭 6 顆
年糕 550g
黃金泡菜 500g
胡椒適量
鹽適量
起司絲 200g

鹹派蛋液
全蛋 225g
動物性鮮奶油 335g

｛ 泡 菜 年 糕 鹹 派 ｝

Recette ─────────────────────────────────

鹹派皮：

1. 奶油切塊冷凍備用。中筋麵粉過篩備用。

2. 鹽、砂糖、鮮奶、蛋黃攪拌均勻，冷藏備用。

3. 將中筋麵粉和冷凍奶油塊以槳狀攪拌器進行攪拌。

4. 當奶油和麵粉攪拌成沙狀時，加入 (2)，成團後即停止攪拌。

5. 將麵團以保鮮膜包起，冷藏 30 分鐘鬆弛。

6. 取出麵團，擀至 0.4cm，裁切成圓片後捏入派模當中，以小刀切去多餘派皮後冷凍定型。

7. 取出冰硬的派皮，鋪上烤盤紙，並且放入重石或豆子，以 180°C 烘烤 15~20 分鐘。

8. 取出後取下重石，冷卻後在派皮內刷上薄薄的蛋白或全蛋蛋液，並且以 180°C 回烤 5 分鐘，出爐備用。

鹹派內餡：

9. 在平底鍋中倒入適量的油，將切好的蒜頭和洋蔥進行爆香。

10. 加入切片的培根，培根炒至微焦後，加入鹽和胡椒調味。

11. 最後加入黃金泡菜拌炒，關火備用。

鹹派蛋液：

12. 全蛋和鮮奶油攪拌均勻後過篩備用。

組合：

13. 先將年糕切塊，放入派皮當中，隨後再放入鹹派料以及起司絲。

14. 將蛋液倒入鹹派中，大約八、九分滿，以 185°C 烘烤 25~35 分鐘即可出爐享用。

16

Titre

{ 布 列 塔 尼 酥 餅 }

Les histoires de pâtisseries ───────

從小到大我就不是一個很愛吃奶油餅乾的人，像是親朋好友結婚送的喜餅總是會被家人吃完，我一點都不想碰。我不太確定是因為我不喜歡太乾的食物，還是因為我沒辦法從餅乾中找到迷人之處。

一直到我認識了布列塔尼酥餅，這一切才有了改變。布列塔尼酥餅源自於布列塔尼地區，那裡靠海，又有很好的畜牧業環境，所以盛產很好的海鹽以及乳製品。將當地的特產融會貫通就使得布列塔尼酥餅誕生了，以大量的奶油和些許的鹽製作的餅乾，還加入了少許的泡打粉，吃起來相當酥脆蓬鬆，因為有著淡淡的鹹味而導致不膩口，很輕鬆就可以吃掉好幾片。

布列塔尼酥餅的製作並不困難，但是烘烤卻有許多需要注意的地方，首先要烤出漂亮的表面，需要有耐心地塗上蛋液，還得等待一層凝固再刷上一層，以叉子刮出漂亮的紋路。因為油量很多，也不能像一般餅乾直接烘烤，還得將每一片餅乾套上框，才不會在烘烤時大量奶油融化而使得餅乾變形。

我很喜歡在工作忙碌的時候製作像布列塔尼酥餅這樣的甜點，簡單的製作方式，簡單的食材，做出來的成品卻一點也不簡單。下午四點煮一杯熱茶，配上兩片餅乾，那會是最迷人的午後吧。

Ingrédient :

份量：25 片
模具：任意形狀鐵框 25 個

無鹽奶油 240g
鹽之花 5g
純糖粉 140g
蛋黃 50g
深色蘭姆酒 20g
低筋麵粉 260g
泡打粉 3g
香草莢 1/2 根

增色蛋液
蛋黃 90g
動物性鮮奶油 8g
深色蘭姆酒 5g

{ 布 列 塔 尼 酥 餅 }

Recette ————————————————————

增色蛋液：

1. 將所有材料攪拌均勻，並且以小篩網過篩 2 次。

2. 將完成的蛋液裝入小保鮮盒當中，以保鮮膜貼面，冷藏備用。

布列塔尼酥餅：

3. 低筋麵粉、泡打粉過篩備用。

4. 將過篩的純糖粉、奶油、香草籽、鹽之花攪拌均勻。

5. 接著將蛋黃、蘭姆酒攪拌均勻，慢慢加入 (4) 當中。

6. 最後加入過篩的粉類即完成麵團。

7. 完成後的麵團以兩張烤盤紙包覆，並且擀至大約 0.8cm，冷凍至凝固。

8. 在鐵框上塗上薄薄的奶油，並且裁下麵團，並在餅乾上刷上一層薄薄的蛋液。

9. 冷藏 20 分鐘後取出，再次刷上第二層蛋液，並且再次冷藏 10 分鐘。

10. 取出蛋液已乾燥的餅乾，以叉子在餅乾上劃出紋路，並且再次放上模具。

11. 將餅乾以 175° C 烘烤 30 分鐘即可出爐，出爐後請立即將模具脫去。

Le
journal
d'un
pâtissier

第 四 章 ： 第 一 堂 甜 點 課

在在法國學甜點是負擔相當大的一件事，本來希望能上滿一年的甜點課，但在波爾多生活的那段時間，開始為此煩惱。最後決定將甜點學校的課程從一年改成三個月，一方面希望能夠減輕負擔，二來則是覺得開眼界是我的主要目標，而將甜點紮紮實實地學起來還是需要更多時間來磨練。

我的甜點課程有十二週，第一週是到處參觀旗下的工廠、甜點店、餐廳，也到了全巴黎最大的食材批發市場，看著各式各樣的水果、起司、肉品、蔬菜，琳瑯滿目令人大開眼界。第二週到第十一週總共十週，分成不同的十個單元，像第一週是基礎法式甜點，我們製作了閃電泡芙、修女泡芙、千層酥、磅蛋糕、檸檬塔等等，每一天製作不同的品項，在週五進行最後裝飾和呈現。

學校屬於遵循傳統糕點形式教學，製作甜點不像市面上販售的那麼新潮，所以當時有一點失望，因為我嚮往能夠製作造型酷炫的甜點。但是在我回到台灣一陣子以後，回想起在法國學藝的經歷反而覺得珍貴，因為對我來說許多甜點都是從傳統翻新或者再創作而來，所以了解傳統的糕點反而是一件很重要的事。往後我的創作雖然和學校的甜點看起來天差地遠，但實際上使用的元素和概念都是相關聯的。

時常有人會問我，到底是不是一定要去法國學甜點？在法國學甜點到底值不值得？我自己也時常這樣問自己，因為上課的過程有很多快樂滿足的片段，但也有很難耐的時刻。好比有兩、三週是由自己欣賞的老師教授，學到的理論或者概念

就很清楚，也吸收很多，製作的品項也很特別。其中有一週是盤式甜點課，相同的千層、堤拉米蘇、冰淇淋泡芙，要我們每個學生都回去思考，要如何設計，並且要手繪下來，那週我就覺得很好玩很有成就感，尤其是被老師回饋的時刻。當然也有一些難耐的時刻，好比遇到我無法理解吸收的課堂，把餅乾烤焦，泡芙沒烤熟，或者水果軟糖的配方有問題以致於無法凝固……等等。

所以若問我在法國學甜點的經驗到底好不好、值不值得？我會說「若這是你的夢想，那無論如何還是要實現。」就像我回想起來這段經歷，有開心也有沉悶的部分，但若是再讓我選一次，我還是會去！因為與其悼念未完成的夢想，我選擇不留遺憾放手一搏。也許我在甜點學校裡面只學到冰山一角，但是我覺得「體驗」到很多。緊湊的課程中，體驗和開眼界的成分居多，因為無論是什麼甜點都只製作了一次，當時我就明白若要精進，唯有花更多的時間自修才行。

我也在認識了許多經典的法式甜點和麵包，像是巴黎布列斯特、夏洛特、巴黎歌劇院、布里歐、蘭姆酒巴巴、蘋果香頌……等等，接觸到許多在台灣難以品嚐到或者學習到的甜點。。

在甜點學校的日子時間過得很快，每天早上天還沒亮就起床，拖著疲憊的步伐坐上巴士。我時常在巴士上聽謝銘佑的台語歌，有時候聽著聽著就會掉眼淚，無比思念遠在地球另一端的家鄉。抵達學校時通常是六點半，吃完早餐就一直上課到下午五點，吃完晚餐後就累得倒頭入睡。日復一日，不知不覺就來到最後兩週了。

倒數第二週是到甜點工廠實習。甜點工廠的組織非常複雜，分成巧克力、糖果、麵包以及蛋糕組，我選擇了蛋糕組。但沒想到蛋糕組還分成了製作、裝飾以及包裝組，最後我選擇了製作組。每個甜點種類底下的各種工作組別，都分別各有至少五十個人，共同組成一個規模龐大而嚴密的工作團隊。我被託付給一位年約六十的爺爺，他帶著我製作蛋糕體，而打蛋糕的攪拌盆大到幾乎可以把我整個人裝起來。我和他一起抹蛋糕，擠蛋糕麵糊，有時也要幫忙組裝蛋糕，或是幫忙夾馬卡龍。那真的是很特別的經驗，看到如此大的產量，也見識到法國人有多愛吃甜點。

甜點課的最後一週是考試週，我們要在兩天的時間完成千層酥、布里歐麵包、香草馬卡龍、洋梨塔、巴黎布列斯特。那一週我每天都緊張到睡不好，但最後順利地完成考試，圓滿結業了！十二週的甜點課，短暫得像一場夢，才剛開始就結束了，我都不敢肯定自己在那三個月裡達成了多少學習目標，但回想起來這個過程彌足珍貴，能追逐夢想並將之實踐就是一段最美的經歷了。

結束甜點學校的課程後，我報名了三、四堂專業進修課，這種課程只有三天，教課的師傅也都大有來頭，像是甜點名店的主廚、法國最佳工藝師MOF或是世界甜點冠軍。雖然課程只有三天但內容相當紮實，要在三天完成至少十二種品項，和你一起上課的同學大多都是已經在工作的甜點師，大家都是來進修的，彼此交流也可以更了解業界的狀況。這期間因為要分組實作，我得需要用法文和甜點師們溝通要如何分工合作，也要用法文和師傅問答，幸好過去三個月我也是待在

一個全法文的甜點班裡面，所以也還能適應。

甜點進修課雖然時間很短暫，卻是我在法國最大的收穫。因為三天內要完成眾多品項，學習如何和其他人共事，同時師傅也會講述他如何發想這作品，引導我們蛋糕組裝的祕訣和方式。如果語言能力可以應付，就能獲益良多，也可以利用課堂的空閒向師傅提出各式各樣的問題，把握這樣近距離和名師對話、共事的難得機會。

之前三個月的課程裡，師傅或許都把我們當學生，所以對我們比較鬆，工作比較自在，要求也不會那麼嚴格。但是在專業進修課裡，我完全能感受到不一樣的嚴謹氛圍，像是蛋糕要朝同一個方向，插牌要擺放標準，蛋糕的裝飾要一致且工整。還記得當時有一堂課，我和世界冠軍的師傅一起裝飾甜點的時候，手都在發抖，那份謹慎、緊張的心情，仍記憶猶新。

我的學藝之行除了學校的課程，其餘的時間還到了許多地方旅行，像是冰島、西班牙、英國、比利時，對我來說旅行是創作相當重要的一環，透過品嚐各地的甜點，體驗當地文化或者風景，在日後都能種下創作的種子。除此之外，我也背著我的直排輪到法國的各個鄉鎮，一下火車就溜著直排輪看看這些鄉鎮，偶爾也能夠碰到一些當地傳統風土的甜點。

待在法國的最後幾個月也和同在日本學習甜點的夥伴決定在回國以後一起創立甜點工作室，大概在回台前的一個月我為這個工作室取名為「河床法式甜點工作室」。

17

———— *Titre* ————

{ 抹 茶 柚 子 千 層 }

Les histoires de pâtisseries —————

在法式甜點的世界裡，讓我又愛又恨的無非就是千層了，千層有分成三種，分別是正折 (皮包油)、反折 (油包皮)、快速千層。在製作這款抹茶柚子千層無庸置疑我會選擇以反折來製作，應該說如果掌握了反折千層的技巧，無論製作什麼甜點都會想以反折來製作。雖然正折千層比較簡單，快速又不複雜，但是相較於正折，反折確實酥脆許多。反折也意味著要將奶油包裹入麵團，想想奶油是這麼怕熱又容易變形的物質，要包覆住麵團那一定會是相當困難的一件事。或許因為甜點學校屬於傳統糕點學校，反而在這樣傳統糕點的基底上有了比較多的練習及製作機會，無論是正折還是反折，在短短三個月的甜點學程當中就做了數次，這也是我覺得在我的甜點能力上累積最多的部份。但開學的時候正值冬天，教室就算不開空調也冷得需要穿發熱衣，在製作千層上就是一個完美的空間溫度，幾乎沒有失敗的可能和機會 (當然程序也要是對的)。

回到台灣後我才知道事情沒那麼簡單，雖然也是在冬天製作，但是空間溫度相較於法國還是高上了好幾度，在製作反折千層的時候最擔心的就是油團和麵團黏在一起，一旦混合在一起就很難有層次，就只是製作出一個油量很高的麵團而已。

後來因為製作國王派的關係每週我都需要製作大量的千層，我想我大概就是在那時候開始愛上製作千層的，因為掌握了，因為熟悉了，所以製作起來不再害怕失敗，反而可以很快速很有節奏感地在一天內完成。如果你和我一樣一開始對製作千層感到恐懼，請不要害怕，多多練習，有一天你會愛上它的。製作甜點就是這麼一回事，如果一開始就成功了，那反而失去了一些成就感，對吧？

Ingrédient :

份量：15×15cm	T55 麵粉 425g	柚子奶餡
方形千層 2 份	鹽 12g	日本柚子汁 60g
	可頌片狀奶油 138g	綠檸檬汁 20g
		全蛋 125g
千層麵團		無鹽奶油 145g
油團	抹茶打發甘納許	砂糖 100g
可頌片狀奶油 450g	動物性鮮奶油 160g	吉利丁混合物 11g
低筋麵粉 180g	砂糖 50g	
	抹茶粉 20g	
	白巧克力 135g	組合
麵團	吉利丁混合物 15g	防潮糖粉適量
冰飲用水 165g	動物性鮮奶油 300g	抹茶粉適量
白醋 15g		

{ 抹 茶 柚 子 千 層 }

Recette ———————————————————————

柚子奶餡：

1. 參照柚子塔，p. 37。

抹茶打發甘納許：

2. 將吉利丁、白巧克力放置耐熱量杯中備用。

3. 將砂糖、抹茶粉拌勻後加入第一份鮮奶油加熱至小滾倒入 (2) 進行均質。

4. 均勻後加入第二份鮮奶油，並且持續均質，完成後貼面冷藏至少一夜。

油團：

5. 低粉過篩，加入室溫奶油慢速攪拌均勻。

6. 以兩張烤盤紙包覆油團，並以擀麵棍和刮板將其整形成長方形。

7. 冷藏凝固，勿冷藏過久，以免難以操作。

麵團：

8. 將水、白醋、鹽攪拌均勻，放置在冷藏備用。

9. 可頌奶油切塊冷凍冰硬備用。

10. 將 T55 麵粉和冰凍的奶油以槳狀攪拌器進行攪拌。

11. 待 (10) 成粉塊狀，加入 (8)，成團後就馬上停下攪拌機以免出筋。

12. 將麵團整成正方形，以保鮮膜包覆冷藏至少 1 小時。

油包皮和擀折方式：

13. 油團從冷藏取出，準備一張烤盤紙，將麵團放置在中間，將其包覆。

14. 先將麵團擀長。

15. 將麵團向內折三分之一，再向內折三分之一。

16. 將千層的開口向右邊，再次將千層擀長，重複步驟 (15) 即完成 3 折 2 次。

17. 冷藏 2 小時後再進行 3 折 2 次。

18. 冷藏 2 小時後再進行最後 3 折 2 次，總共為 3 折 6 次。

烘烤：

19. 將千層擀至 0.4cm，在千層派皮上以滾輪或叉子戳洞，送入冷藏鬆弛 30 分鐘。

接下頁 >>>>>

Recette ——

20. 以 175° C 烘烤 15 分鐘，使千層膨脹。

21. 在千層上鋪上烤盤紙，並且壓上烤網，避免千層過度膨脹，再烘烤 30 分鐘。

22. 將千層取出，取下烤網，並且將烤箱升溫至 230° C，在千層上頭撒上純糖粉，送進烤箱烤至糖粉成為焦糖色即可取出放涼。

組合：

23. 千層裁切成 15×15cm 的正方形，每個千層需要三片。

24. 將抹茶甘納許打發，擠花在第一片千層上，蓋上第二片千層。

25. 將柚子奶餡擠花在第二片千層上，最後蓋上第三片千層。

26. 最後撒上抹茶粉和防潮糖粉即完成。

18

———— *Titre* ————

{ 蘋 果 香 頌 }

Les histoires de pâtisseries ─────────────

第一次吃香頌的時候就是製作它的時候。一直到了法國真的才開始認識好多麵包、蛋糕，而蘋果香頌便是其中之一，印象相當深刻是因為製作香頌是甜點學校正式上課的第一週，也是我第一次製作千層。將千層擀了又擀，然後經過 3 折 6 次，每次必須等待至少兩小時，花費整整三天才完成，當時心想「這麼麻煩的東西怎麼整個巴黎的大街小巷都在販售」。

其實我並不是非常喜歡學校的蘋果香頌，因為是使用蘋果泥罐頭，所以吃不到蘋果的顆粒，少了一些新鮮感，也覺得好像少了些什麼。但是蘋果香頌確實是當時我製作最多的一樣糕點，老師請我將裁切下來的邊角再次成團，再次擀薄裁切，然後包覆蘋果泥，不停重複直到麵團被耗盡，當時也才明白原來重複使用多餘的食材一樣能夠做出美味又美觀的糕點。

回到台灣以後我也使用了比較麻煩的作法，自己製作蘋果泥，也自己炒蘋果丁，最後將這兩者合而為一。如果大家製作國王派、千層酥有剩下多餘的麵團，或許也可以物盡其用，將他們作成蘋果香頌這樣簡單的美味。

我總是覺得每一種食物都能帶給人不一樣的能量和感受，有些是幸福，有些是甜蜜，有些是過癮。而像香頌、國王派的千層糕點，總是帶著溫暖人心的滋味，在反覆折疊的過程過裡，在一刀一刀替糕點劃上葉脈的過程裡，更能感受到手作的溫度。

Ingrédient :

份量：12 個	炒蘋果丁	千層麵團	增色蛋液
模具：橢圓形鐵框 1 個	蘋果 300g（切小塊）	油團	蛋黃 90g
	無鹽奶油 10g	可頌片狀奶油 450g	動物性鮮奶油 8g
蘋果泥	砂糖 40g	低筋麵粉 180g	深色蘭姆酒 5g
蘋果 300g（切小塊）	蘋果白蘭地 50g		
香草籽 1/2 根	肉桂粉適量	麵團	波美 30 度糖水
飲用水 30g	香草莢 1/2 根	飲用水 165g	砂糖 135g
綠檸檬汁 10g		白醋 15g	飲用水 100g
		T55 麵粉 425g	
		鹽 12g	
		可頌片狀奶油 138g	

{ 蘋 果 香 頌 }

Recette ————————————————————

蘋果泥：

1. 將切塊的蘋果，加入水和檸檬汁微波至軟化，並且打成泥。

2. 香草莢切開刮下香草籽加入蘋果泥，並且倒入平底鍋翻炒收乾。

3. 裝入容器放涼備用。

炒蘋果丁：

4. 將砂糖和奶油倒入平底鍋，隨後加入肉桂粉和切開的香草莢。

5. 將切塊的蘋果加入翻炒，翻炒至蘋果完全沾附糖漿，加入白蘭地並燒去酒精。

6. 炒至蘋果呈現半透明即可離火備用。

波美 30 度糖水：

7. 將糖和水倒入鍋中煮滾，倒入容器放置室溫保存即可。

千層麵團：

8. 參照抹茶柚子千層，p. 99。

增色蛋液：

9. 參照情傷蘋果派，p. 21。

組合：

10. 先將蘋果泥拌入蘋果丁，攪拌均勻備用。

11. 將三折六次的千層擀薄至 0.4cm，冷藏 30 分鐘鬆弛。

12. 將麵團裁切成橢圓形冷藏備用。

13. 以擀麵棍稍微擀長麵團，放上 50g 的內餡。

14. 在周圍刷上飲用水，將香頌對折壓緊。

15. 冷凍 10 分鐘後翻面刷上蛋液，冷藏 20 分鐘。

16. 刷上第二層蛋液，再冷藏 20 分鐘，用刀子劃出葉脈。

17. 以 180° C 烘烤 35~40 分鐘，即可出爐刷上糖水。

19

Titre

{ 伯 爵 橘 子 國 王 派 }

Les histoires de pâtisseries ―――――――――――――

國王派的歷史其實和宗教有很大的關聯，主要是講述東方的三位國王長途跋涉要到耶穌的出生地，而到達的那天正是 1/6，也就是主顯日，在往後變成了品嚐國王派的節日。我很幸運的剛好在巴黎生活時遇見主顯日，那樣的場景真的令人難以忘懷，平時擺放簡單麵包糕點的櫥窗，在幾天之內所有店家的櫥窗都放上了大量的國王派，有四人份、六人份、八人份，大大小小的國王派堆積成山。

在法國的那年其實吃國王派吃到有點害怕了，當時太想參與這個節日也知道一整年就這個時候可以吃到，所以一口氣買了三家，吃了一個禮拜都吃不完。主顯日當天學校又烤了大量的國王派，每個班級大家都死命地吃。不確定是不是年紀的關係，當時的我總是喜歡像慕斯、塔那樣輕盈甜美的甜點，國王派對我來說就是千層酥和杏仁餡，很乾很油膩，真的難以著迷。但有趣的是到了現在，國王派反而是我最喜愛的法式糕餅。

在法國有個有趣的現象，甜點師傅做的國王派好像大多會比麵包師傅做的還要精緻、複雜。那時候就覺得，如果我自己都沒有把握可以把國王派做好，那好像也不算是個稱職的甜點師。所以 2017~2019 年的時間都默默在學習和鑽研著，記得 2017 年做得很糟所以有點自暴自棄，但是 2018 年底下定決心要把國王派做好，當時好幾個晚上都做到凌晨甚至是天亮，就是希望能做出心目中完美的國王派，終於在 2019 年年初我做出屬於自己的國王派。掌握了國王派的製作方式後，也開始收集國王派裡頭要放的小瓷偶，最早其實是放蠶豆，近代才改為小瓷偶，吃到了小瓷偶就能戴上國王皇冠，並且幸運一整年呢！

Ingrédient :

份量：17 公分國王派 4 個
模具：直徑 15cm 鐵框 1 個，直徑 18cm 鐵框 1 個，高 3cm 的模具 4 個（烘烤時墊高烤盤四角用）

千層麵團
油團
可頌片狀奶油 450g
低筋麵粉 180g

麵團
飲用水 165g
白醋 15g
T55 麵粉 425g
鹽 12g
可頌片狀奶油 138g

卡士達醬
全脂牛奶 150g
玉米粉 15g
蛋黃 36g
砂糖 36g

無鹽奶油 15g
香草莢 1/4 根

伯爵橘子杏仁卡士達餡
杏仁粉 130g
全蛋 110g
無鹽奶油 130g
砂糖 130g
伯爵茶粉 25g（品牌為日本 Narizuka，台灣由明資食品代理）
卡士達醬 150g

市售糖漬橘子丁 160g

增色蛋液
蛋黃 90g
動物性鮮奶油 8g
深色蘭姆酒 5g

波美 30 度糖水
砂糖 135g
飲用水 100g

{ 伯 爵 橘 子 國 王 派 }

Recette ————————————————————————————————

卡士達醬：

1. 參照草莓塔，p. 63。

伯爵橘子杏仁卡士達餡：

2. 先將卡士達醬打軟備用。

3. 將軟化的奶油、糖粉以槳狀攪拌器攪拌均勻，隨後加入杏仁粉、茶粉攪拌均勻。

4. 將全蛋分次加入 (3) 當中，完全均勻以後加入卡士達拌勻即可。

5. 準備一張附上烤盤紙的烤盤，並且放上 15cm 鐵框，在鐵框內擠入 140g 的內餡，隨後冷凍至凝固。

6. 在凝固的內餡放上一個小瓷偶，並鋪上 40g 的糖漬橘子丁，冷凍定型保存即可。

波美 30 度糖水：7. 參照蘋果香頌，p. 105。

增色蛋液：8. 參照情傷蘋果派，p. 21。

千層麵團：9. 參照抹茶柚子千層，p. 99。

組合：

10. 將三折六次的千層擀薄至 0.4cm，冷藏鬆弛至少 30 分鐘。

11. 取出麵團，並且裁切成兩片至少 19×19cm 的正方形。

12. 將內餡放置在千層上，在周圍刷上水，將另一片千層轉 90 度，覆蓋在內餡上，以手指壓緊。

13. 將包好內餡的國王派送進冷凍 10 分鐘，使上下千層完全黏緊。

14. 取出國王派，以直徑 18cm 的模具裁切掉多餘的麵團。

15. 將國王派翻面，刷上蛋液冷藏 20 分鐘。取出國王派刷上第二層蛋液，再次冷藏 20 分鐘。

16. 取出國王派，用刀子畫上葉紋，送進 190° C 的烤箱先烘烤 20 分鐘。

17. 在國王派上覆蓋一個噴上烤盤油的烤盤，並在旁架上 3cm 高的模具，再烘烤 30 分鐘。

18. 取下烤盤，再烘烤 10 分鐘，即可出爐刷上糖水。

20

———————— *Titre* ————————

｛聖 多 諾 黑｝

Les histoires de pâtisseries ────────────────

雖然在甜點學校裡面沒有機會製作到聖多諾黑，但若有人問我在法國最愛點哪一款經典的法式甜點，我絕對會選聖多諾黑，沒有任何甜點能夠代替它。雖然都是品嚐過的元素，像是千層、泡芙、卡士達、鮮奶油，但當這些食材結合在一起，卻創造出了令人無法自拔的口感和層次感。

雖然後來我做過許多口味的聖多諾黑，但是私心認為第一次品嚐一定要吃香草的，記得開店期間有一次和日本的廠商談合作，我端上了經典的聖多諾黑，他們品嚐了一口後用日文說了一句「啊～原來啊～」，我想他們也能夠在那一個瞬間明白一個甜點為何成為經典，為什麼人們這麼熱愛它。在巴黎生活的時候經常造訪各家甜點店，聖多諾黑也一定是蛋糕櫃裡不可缺席的重要角色，每一間甜點店都有自己擠花鮮奶油的方式，每一間的焦糖顏色深淺也都有些許的差異。對我來說在法國收穫最大的就是這樣的開眼界和觀察，看看法式甜點之都裡每一個店家的個性，每一間店的風格，進而去思考自己想要什麼？自己想做出什麼樣的甜點？

我將聖多諾黑做了一個再創版本，也就是法文說的 Revisitée，這是現在許多法式甜點師經常在進行創作的一種形式，將傳統的甜點重新現代化。所以我將千層做成了圓柱形，千層圈裡填入內餡，上頭再放上泡芙和擠上香緹，如此一來就完成了一個屬於自己風格的聖多諾黑了！

Ingrédient :

份量：15 個
模具：直徑 6.5 高 5cm
鐵框 15 個，直徑 5.5 高
5cm 鐵框 15 個

千層麵團
油團
可頌片狀奶油 450g
低筋麵粉 180g

麵團
飲用水 165g
白醋 15g
T55 麵粉 425g
鹽 12g

可頌片狀奶油 138g

大溪地香草卡士達
全脂鮮奶 500g
玉米粉 50g
蛋黃 120g
砂糖 120g
無鹽奶油 50g
大溪地香草莢 1 根

中澤香緹
中澤乳霜 150g（由苗
林行代理）
純糖粉 10g
香草莢 1/2 根

焦糖醬
砂糖 150g
動物性鮮奶油 135g
可可脂 30g
鹽之花 1g
無鹽奶油 45g
香草莢 1/2 根

外交官奶餡
卡士達 400g
動物性鮮奶油 200g

泡芙焦糖
葡萄糖漿 100g
砂糖 200g

泡芙酥皮
二號砂糖 80g
無鹽奶油 60g
低筋麵粉 80g

泡芙麵糊
全脂鮮奶 125g
飲用水 125g
無鹽奶油 100g
鹽 1g
低筋麵粉 160g
砂糖 5g
全蛋 250g

{ 聖 多 諾 黑 }

Recette —————————————————————————

泡芙酥皮：

1. 將室溫奶油、砂糖、過篩低粉攪拌均勻成團。

2. 將完成的麵團以兩張烤盤紙包覆在一起，擀薄至 0.2cm。

3. 以直徑 2.5cm 的模具裁切下來備用。

泡芙麵糊：

4. 低粉過篩備用。

5. 鮮奶、水、鹽、糖、奶油煮至小滾離火，加入低粉攪拌成團。

6. 重新加熱並且持續攪拌，待鍋底呈現薄膜即可離火。

7. 將麵糊倒入攪拌缸當中，以槳狀攪拌器攪拌降溫。

8. 全蛋打散分次加入泡芙麵糊當中，視情況增加蛋液。

9. 待麵糊拉起呈現倒三角的狀態即可擠花使用，蛋液不必全部加入。

10. 將完成的麵糊進行擠花，每顆泡芙直徑 2.5cm，並覆蓋上泡芙酥皮。

11. 以 175°C 烘烤 30~35 分鐘，過程請勿開烤箱門，出爐放涼備用。

大溪地香草卡士達：

12. 參照草莓塔，p. 63。

千層烘烤 (麵團參照抹茶柚子千層，p. 99)：

13. 將 3 折 6 次的千層麵團擀至 0.3cm，並以滾輪或叉子戳洞，冷藏鬆弛至少 30 分鐘。

14. 準備兩種尺寸的圓柱型鐵框，內圈抹上薄薄的奶油，並且貼上一圈烤盤紙。

15. 將千層切出 15 個 20×5cm 的長條狀，繞在內框上，並以烤盤紙包住千層外側，套上大鐵框。

16. 將捲好的千層放上鋪好網狀烤墊的烤盤上，在模具上方再覆蓋一張網狀烤墊，並壓上烤盤。

17. 剩餘的整片千層做為底部使用 (烘烤方式參照抹茶柚子千層，p.101)。

18. 將兩部分的千層送進烤箱，以 175°C 烘烤 25 分鐘。

接下頁 >>>>>

Recette ——————————————————————————

19. 將烤盤取出，內外層鐵模脫下，並在表面灑上純糖粉，同一時間將烤箱升溫至 220°C。

20. 將灑好糖粉的千層送進烤箱，直到千層表面的糖粉焦化，即可將千層出爐放涼。

焦糖醬：

21. 將香草莢切開，並且將香草籽刮下加入鮮奶油當中，以小火烹煮。

22. 砂糖煮至深焦糖色關火，將熱鮮奶油慢慢倒入焦糖，持續攪拌。

23. 再次開火將焦糖煮至小滾，並且確認完全沒有焦糖顆粒。

24. 關火，加入可可脂拌勻，再將焦糖降溫至 40°C 加入室溫奶油和鹽之花進行均質，以保鮮膜貼面冷藏。

外交官奶餡：

25. 將卡士達打軟，再將鮮奶油打至 8~9 分發。

26. 將打發的鮮奶油分次拌入卡士達醬當中即完成外交官奶餡。

27. 完成的外交官奶餡需冷藏保存或立即使用。

泡芙焦糖：

28. 將砂糖、葡萄糖漿煮至焦糖色，若溫度過高可讓鍋子快速浸泡熱水降溫。

29. 將泡芙沾裹焦糖，並放入半圓形矽膠模當中。保留 15 個泡芙不沾焦糖。

30. 若焦糖凝固可以小火稍微加熱軟化焦糖再繼續使用，待焦糖冷卻及可將泡芙脫模取出。

組合 & 中澤乳霜：：

31. 整片的千層以直徑 5.5cm 的模具裁切，並且將圓片千層放入圓柱形千層當中。

32. 將剩餘的卡士達醬打軟，在焦糖泡芙的底部以小刀戳洞，灌入卡士達醬備用。

33. 將沒有沾焦糖的泡芙灌入焦糖醬備用。

34. 先放入焦糖醬的泡芙，再灌滿外交官奶餡。

35. 在千層的頂部均勻地放置四顆焦糖泡芙，並且將糖粉和香草籽加入中澤乳霜當中打發。

36. 在兩顆泡芙之間擠上香緹鮮奶油。

37. 最後在頂端放上第五顆焦糖泡芙即完成。

21

Titre

｛ 榛 果 柳 橙 巴 黎 布 列 斯 特 ｝

Les histoires de pâtisseries ——————

若是問我在法國有沒有什麼很有名的經典法式甜點完全沒有品嘗過，那答案一定會是 Paris-Brest 巴黎布列斯特。巴黎布列斯特的起源是一場單車比賽，這個比賽是選手必須從巴黎騎單車到布列斯特，全長大約 1200 公里。有一位很喜歡單車運動的甜點師傅便以車輪的形狀做出了泡芙圈，所以也有人叫它車輪泡芙。為什麼我沒有想買來嘗試看看呢，最主要的原因大概就是口味吧，不曉得是不是因為歐洲國家比較冷，需要吃高熱量的食物，巴黎布列斯特就是以大量的榛果醬、奶油、卡士達醬調和而成慕斯琳奶餡。

曾經在學校有製作過這款甜點，也是唯一一次製作的經驗，雖然覺得製作的過程很療癒，很好玩，但是品嘗的時候還是皺皺眉頭說了一聲「好膩」。一直在想是不是我喜歡的口味都過於少女，以至過於濃郁，過於厚重的甜點都比較不合我口味(笑)。

但是巴黎布列斯特畢竟還是在我求學過程中出現相當重要的一種甜點，也是第一次烘烤這麼大的泡芙，所以決定還是要將它排在我的食譜項目當中。而我希望能夠融入一些酸的元素，讓泡芙整體品嘗起來更為清爽，所以選擇了台灣的冬季水果茂谷柑作為搭配，添加以後反而變成令自己喜愛的甜點了呢！

在製作了這麼多法式甜點以後，會慢慢發現在製作一些甜點的過程裡使人著迷不已，像巴黎布列斯特就是如此。看著巨大的泡芙緩緩膨脹，組裝時整齊的擠花，還有豐滿的內餡，好似在製作的過程裡，自己的內心也被豐富了一般。

Ingrédient :

份量：7 吋泡芙圈 2 個
模具：直徑 15cm 鐵框一個

泡芙麵糊
全脂鮮奶 150g
飲用水 150g
無鹽奶油 120g
鹽 2g
低筋麵粉 192g
砂糖 6g
全蛋 300g

焦糖榛果醬
杏仁 144g
榛果 144g
鹽之花 1g
砂糖 276g
香草莢 1 根

卡士達醬
全脂鮮奶 350g
玉米粉 43g
蛋黃 84g

砂糖 84g
無鹽奶油 70g
香草莢 1 根

茂谷柑果醬
茂谷柑 240g
砂糖 60g
果膠粉 4g
柳橙汁 40g
綠檸檬汁 20g

榛果慕斯琳奶餡
卡士達醬 555g
無鹽奶油 355g
焦糖榛果醬 270g

組合
防潮糖粉 適量

{ 榛果柳橙巴黎布列斯特 }

Recette ————————————————————————

卡士達醬：

1. 參照草莓塔，p. 63。

泡芙麵糊：

2. 參照聖多諾黑，p. 113。

3. 準備一張鋪上網狀烤墊的烤盤，並以鐵框沾麵粉在烤墊上做出記號。

4. 將泡芙沿著記號分別擠出內外圈，並且在兩圈之上再擠上一圈麵糊。

5. 另外在旁邊擠單獨一圈做為泡芙夾層 (兩份擠兩圈夾層)。

6. 在 (4) 的泡芙圈上撒滿切碎的堅果，並撒上薄薄的糖粉。

7. 先以 180° C 烘烤 15 分鐘，再以 170° C 烘烤 30 分鐘，過程請勿開烤箱門，出爐放涼備用。

茂谷柑果醬：

8. 新鮮茂谷柑先進行處理，在表面戳洞裝入冷水當中加熱，待水冒煙即可倒掉。

9. 裝入新的冷水再次煮至冒煙，此動作共重複 3 次。

10. 將過完水的茂谷柑切開，去籽去粗纖維，放入食物處理機，加入柳橙果汁、砂糖、果膠粉進行攪打。

11. 將果泥倒入鍋中，一邊攪拌一邊煮至大滾，離火後加入綠檸檬汁，以保鮮膜貼面冷藏一夜。

焦糖榛果醬：

12. 將榛果、杏仁先以 150° C 烘烤 15 分鐘，出爐放涼備用。

13. 砂糖煮至深色焦糖，將堅果倒入拌勻，平鋪在矽膠墊上放涼。

14. 將香草籽刮下，連同鹽之花放上敲碎的焦糖堅果放入食物調理機打成醬。

15. 完成後放入密封容器室溫保存備用。

接下頁 >>>>>

Recette ───────────────────────────────

榛果慕斯琳奶餡：

16. 將卡士達醬打軟，並且加入榛果醬。

17. 將室溫奶油分次加入榛果卡士達醬當中，期間持續高速打發。

18. 攪打至滑順乳化即可，若有奶油顆粒可稍微以吹風機加溫攪拌。

19. 完成的慕斯琳奶餡可立即使用。

組合：

20. 先將泡芙圈的上蓋均勻切開，並且稍微修剪整齊。

21. 在泡芙底部先擠入少許慕斯琳奶餡，再擠上一圈茂谷柑果醬。

22. 補上少許慕斯琳奶餡後，放上中間的泡芙圈。

23. 沿著外圈進行擠花，完成後擠內圈，最後擠上圈。

24. 蓋上泡芙上蓋，撒上防潮糖粉即完成。

───────────────────────────────

Essai

分享，從來就不是一件簡單的事。

賴慶陽 ── 邊境法式點心 主廚

和黃偈認識的印象是甫開店初的一個午後，一位頂著捲短髮的大男生來到店裡面，伴隨的親切的笑容還有他親手做的甜點─我早忘了是什麼甜點─迫不及待想要跟我分享他對於「邊境」的感覺，還有他想知道未來到法國進修該選擇什麼學校。記不清楚從什麼時候開始，我們開始分享在甜點學習上的心路歷程，這包括了食譜作法，在學校的生活，以及更多的時候是經營一間甜點店所遇到的煩惱。

曾聽黃偈提起在高中年歲時就篤定了甜點志向：「我想，我在我的小星球裡已經找到迷人的地方了，也擁有了自己的基地，你呢？」

像是著了魔一樣愛著法式甜點的甜點師傅並不多見，而我認識的黃偈剛好是其中一位。他可以為了烘烤一顆自認為完美的馬卡龍三更半夜還傳簡訊詢問製作技術。黃偈說「失敗是十分珍貴的事。」於是為了理想中的國王餅（Galette des Rois）他可以去上課，瀏覽無數影片，不斷鑽研千層酥皮的製程，就為了一圈勻稱的膨脹和對稱的圖案。在法式甜點的宇宙裡，他著迷於形而上的理論同時也執著形而下的外觀。在夜深人靜時翻找食譜，或經過無數次失敗痛哭，終於參透自己如何成功，然後持續穩定創造產品。他同時也是一位勇於觀察成功與失敗過程的實踐者，絕非僥倖的完美點心背後是一篇篇不太浪漫的故事，是華麗的外衣下不斷雕琢的固執與堅持。

我常跟朋友分享身為一位甜點製作者的心得，甜點師比較像是一位科學家，而不是藝術家。如果烹飪是運用熱情，經驗與創意，那麼甜點師傅的角色更像是一位嚴謹的科學家，操作著一次次精準的實驗，而實驗的結果偏向一致。所以，講究每次的操作都要精準，沒有誤差，尤其甜點製作牽涉太多的化學反應，如溫度、時間與重量都是必須量化且精準拿捏的條件。在甜點製作的過程中，沒有像爵士樂的即興發揮，劇本是寫好的，天馬行空卻運行在一定的軌道上。黃偈也明瞭「你突然明白，你沒有迷路過，你只是在和自己玩一場較為浪漫的捉迷藏而已。」 然而 「你最後找到的，不只是自己。」在他的配方書中－縱使故事是主體—成功的主軸清晰可見，沒有偶然和僥倖的成份。剩下的創意一定是每次臨摹之後的一次次自我追尋還有感動。

分享，從來就不是一件簡單的事。如果有百分之二十的廚師願意耗用自己的時間鑽研技術與穩定的製程，那可能只有剩下不到百分之一的廚師願意分享這顆果實。畢竟，這是每一位師傅窮究一生的辛苦結晶，為什麼要分享出來呢？但是對於一開始就已經設定樂於分享的黃偈來說，讓大家能認識傳統法式點心一直是他想做的事。如同他所言「貼近一座城市最快的方法就是迷失其中」，願所有深愛法式甜點的朋友都可以迷失在這顆星球中，經過一次次的臨摹後找到自己激起的那一圈圈漣漪。

*Le
journal
d'un
pâtissier*

第五章：山上的甜點夢

在 2015 年的夏天我回到了台灣，在法國的時間剛好只有十一個月不到一年，回台的時候許多朋友總好奇，為何我不考慮在法國多待一段時間？為何不在當地工作，那麼快就回台灣？但其實我已經在籌備另一個計畫。

在法國的後半段日子，我買了一本筆記本開始設計各式各樣的甜點，那些甜點都各有不同的故事背景，像是樹蛙、土石流、松果、火山等等。同時，我也立下心願，希望能讓自己家鄉的人品嚐我創作的甜點，也了解這些藏在蛋糕背後的故事。就像高中時我藉由做甜點，建立起互動的橋梁，我也期待回國後，讓同一座島嶼的人品嚐自己的甜點，讓他們有機會了解你如何創作甜點。也許我的甜點能力還不足，經驗還不夠，開店的構想還不夠成熟，但我希望在自己靈感最豐沛的年紀開始販售自己的手做甜點。

因為資金不足，一開始我們也不打算冒險在競爭激烈的市區開店，所以先在自宅開設工作室，現在想想仍然是相當瘋狂的事，因為我的家位於新店山上，從新店捷運站還得轉 20 分鐘的公車才能抵達。那時候我們完全沒有去思考這樣可不可行？有沒有客人？但人生有時候不去預設立場，反而有著意想不到的驚喜。在這裡想特別感謝我的家人們，無條件將家裡的空間提供給我，讓我們敲敲打打大改造了一番，每天還得忍受客人進進出出、來來往往。特別是我的母親不只是包容了這一切，還協助我們打造空間，替我們種了美麗的植物，布置了空間和擺設，真的很感謝我的甜點路一路有她的支持和陪伴。

回台後短短兩個月，完成了工作室的籌備，在十月開始了試營運，雖然店舖位於偏遠的山上又沒有指標與路牌，我們仍然很幸運地得到很多支持，幾乎每一天都是訂位客滿的情況。每天工作的時間比在甜點學校上課的時間還長，每天都是天還沒亮就起床烘烤塔殼，一直工作到深夜十一、二點才能夠休息，這樣的日子雖然很累，卻從來沒讓我打退堂鼓，因為自己喜歡事物我願意傾注所有心力。當時除了工作外的時間，休假也仍然留在工作室研發新的作品，那半年雖然忙碌又短暫，但仍然創作出許多我個人深愛的作品，每一個作品都象徵著不同的意義，講述著不同的故事。

好比酸雨、土石流是講述土地和天氣的變化及影響，樹蛙訴說著童年和環境的影響，象牙海岸訴說著公平貿易巧克力和童工可可的問題，松果、火山講述著旅行的風景和物件的回憶。就是從那一年開始，我開始以「我」作為出發點，設計出各式各樣的甜點，也找出了自己的甜點風格和道路。這點對我來說很重要，大多從國外回來的甜點師面臨最大的問題應該就是找不到自己的風格，所以直接將所學或者所看到的甜點拿來販售，但是這樣的情況很容易和其他甜點師的作品撞衫，也很可能沒辦法一直吸引著客人。所以在甜點師這個職業裡，我也很要求自己每段時間就要有新的創作，並且必須以「個人」作為出發點。我有興趣的事情、我的童年、我關心的議題、我喜愛的事物又或者是我的家人、我的家鄉。創作並不是一件容易的事情，得先找到相關聯的事物，又得將其具現化。我想我很幸運在成長的過程裡經歷了許多和大自然有關的事物，也在童年

有著許多和水果相關的記憶。

在山上經營甜點工作室的日子雖然很累，也很甜美，我們有一塊屬於自己的小天地。但好景不常，也或許是老天爺要告訴我們是時候面對現實挑戰下一個難關，安靜的社區因為我們的工作室而來了許多客人，鄰居開始對這樣的人潮或者聲音而感到不滿，備感壓力的我們決定在三月底暫停營業，搬到山下。當時和夥伴雖然慌忙地不知所措，也不知該何去何從，但是換個角度來說在山上的日子，像是為我們之後的甜點夢做暖身，而這半年的時間也讓我們看清楚自身哪裡不足，好讓接下來的挑戰能夠準備地更充裕再出發。

當時我們兩個騎著機車從烏來到台北市，繞著每一條街，每一個巷口，尋找一個我們喜愛的位置，有失望、有落寞，但更多的是期待。終於在某一天騎車經過信義安和捷運站時，我們停了下來，看著那一大面的落地窗和三角窗，開始有著許多想像，幾天以後，我們簽約了，卻完全不知道自己是否有能力負擔這樣的租金，這麼大的空間，甚至沒意識到那裡正是「法式甜點一級戰區」。

22

——— *Titre* ———

﹛ 樹 蛙 ﹜

Les histoires de pâtisseries ————————————————

樹蛙是我在法國生活的時候就已經完成設計圖和故事概念的一款甜點，所以當我回到台灣開始籌備工作室，也是第一個著手實踐的甜點。樹蛙這款甜點不像是我的其他動物型作品（鯨鯊、黑熊森林、象）都是以動物的外觀去延伸發想進而創作出來，樹蛙是以「特徵」來做設計發想的。當然最主要是和自己的童年有關，因為從小到大我都住在山上，小學六年的時間甚至只要沒課就會到溪邊去玩，到山林裡跑跳，學會分辨青蛙、樹蛙、蟾蜍已經變成了日常。

剛回到台灣的時候我正好在找茶葉，所以也有在關注坪林的有機茶農，他們說以前他有噴農藥，整個茶園裡什麼蟲，什麼動物都沒有，而且下面就是翡翠水庫，農藥很可能沿著泥土向下流，影響到整個生態圈。他說他記得不使用農藥後的第一個月，所有的動物就回來了，翡翠樹蛙開始在他的蓄水池交配產卵，蛇偶爾也會出現狩獵樹蛙，形成一個食物鏈的生態圈。

而我所轉化的特徵就是翡翠樹蛙產卵時製造出的卵泡和卵，樹蛙交配時會製造出卵泡保護卵，我以法式棉花糖來塑造這個卵泡，以分子料理的手法將荔枝果汁做成白色的青蛙蛋藏在卵泡中。最後以抹茶的蛋糕體和抹茶的慕斯來表現翡翠樹蛙的皮膚色系，就完成了這款樹蛙了！

Ingrédient :

份量：15 個	柚子奶餡	全脂鮮奶 110g	柚子棉花糖
模具：直徑 6.5 高 5cm	日本柚子汁 60g	吉利丁混合物 36g	日本柚子汁 30g
鐵框 15 個	綠檸檬汁 20g		飲用水 25g
	全蛋 125g	青蛙蛋	蜂蜜 25g
抹茶泡芙蛋糕	無鹽奶油 145g	冷凍荔枝果泥 75g	吉利丁混合物 55g
全脂鮮奶 130g	砂糖 100g	Agar-Agar 4g（為西班牙	砂糖 120g
無鹽奶油 90g	吉利丁混合物 11g	品牌 Sosa，台灣由聯馥食	蛋白 50g
低筋麵粉 100g		品代理）	
抹茶粉 7g	抹茶白巧克力慕斯	綠檸檬汁 25g	
全蛋 100g	白巧克力 90g	飲用水 140g	
蛋黃 150g	動物性鮮奶油 260g	砂糖 50g	
蛋白 185g	抹茶粉 18g	植物油一杯	
砂糖 110g	蛋黃 50g		
食用綠色色膏 適量	砂糖 35g		

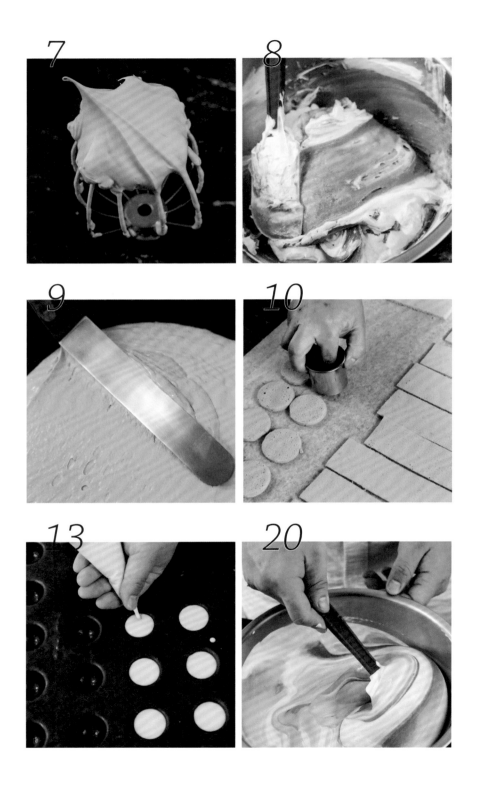

{ 樹 蛙 }

Recette ——————————————————————————

抹茶泡芙蛋糕體：

1. 先將低筋麵粉過篩備用。

2. 將鮮奶、奶油、過篩的抹茶粉倒入鍋中，以小火烹煮，期間持續攪拌。

3. 當鮮奶煮至小滾、奶油融化，將鍋子離火加入低粉，攪拌成團。

4. 開小火將鍋子持續加熱，持續攪拌至底部呈現薄膜後離火（如製作泡芙麵糊）。

5. 將麵糊倒入攪拌盆當中，以槳狀攪拌器慢速攪打。

6. 隨後將全蛋、蛋黃攪拌均勻，分次加入麵糊當中，完成後備用。

7. 將 1/3 的砂糖、綠色色膏適量加入蛋白打發，隨後分次加入剩餘的砂糖，完成的蛋白霜拉起尖端呈現堅挺即可。

8. 將蛋白霜分次加入麵糊當中，以刮刀輕柔攪拌均勻。。

9. 待麵糊攪拌均勻後，將麵糊倒入兩個已鋪上烤盤紙的 30×40cm 烤盤，抹平。

10. 以 170°C 烘烤 15 分鐘出爐，將蛋糕裁切成 18×5cm 的長條形蛋糕，並且以直徑 4cm 的模具裁切圓片蛋糕。

11. 準備一個烤盤，並且放上圍上塑膠片的圓柱型模具，並且將蛋糕圍入，在底 部也放入圓片蛋糕備用。

柚子奶餡：

12. 參照柚子塔，p. 37。

13. 將完成的柚子奶餡直接灌入直徑 3cm 半圓形矽膠墊當中，冷凍定型。

抹茶白巧克力慕斯：

14. 將鮮奶油打至 6~7 分發，並且冷藏備用。

15. 先將白巧克力、吉利丁倒入耐熱的量杯備用。

16. 將鮮奶、抹茶粉倒入鍋中攪拌均勻，以小火烹煮。

17. 蛋黃、砂糖攪打至泛白，將煮至冒煙的抹茶鮮奶緩緩倒入，期間繼續攪拌。

接下頁 >>>>>

Recette

18. 將攪拌均勻的蛋奶醬過篩回鍋中，並且以小火繼續烹煮攪拌。

19. 當溫度到達 83°C 時離火，將蛋奶醬倒入 (15) 當中，進行均質。

20. 均勻後降溫至 30°C，並且分次加入打發的鮮奶油進行攪拌。

21. 取出準備好的蛋糕，在中間放一半圓形的柚子奶餡，並且灌入慕斯至 9 分滿，冷凍定型備用。

青蛙蛋：

22. 將植物油送進冷凍，需冷凍至至少 0°C。

23. 期間將所有材料倒入鍋中攪拌均勻，開火煮至大滾。

24. 離火後降溫至 50°C 左右，將液體裝入尖嘴醬料罐中。

25. 取出冰油，將液體慢慢滴入冰油當中，即可製作出青蛙蛋。

26. 完成後以篩網過濾，並且以飲用水清洗青蛙蛋，將完成的青蛙蛋泡在飲用水當中冷藏備用。

柚子棉花糖 & 組合：

27. 將蛋白倒入攪拌盆當中，當 (28) 的糖漿煮至 100°C 時開始攪打蛋白。

28. 日本柚子汁、飲用水、蜂蜜、砂糖倒入鍋中，煮至 114°C 時沖入蛋白打發。

29. 將吉利丁微波融化，並且慢慢倒入蛋白霜當中。

30. 直到棉花糖膨脹並且已經達到可以擠花的狀態即可裝入擠花袋。

31. 取出慕斯，在慕斯上放上一匙青蛙蛋。

32. 最後擠上柚子棉花糖即完成裝飾。

23

{ 土 石 流 }

Les histoires de pâtisseries ————————————————

土石流算是我最早期的作品之一，也是河床初創時的作品，還在巴黎生活時，經常回想自己的童年，想著自己有哪些故事可以做為設計甜點的主題，而土石流的景象陪著我整整六年。小時候念的小學坐落在烏來的深山，為了讀那所實驗小學我們一家還從彰化員林搬到新店山上，且每天仍然要坐半個鐘頭的交通車才能到達學校。每到夏天梅雨季，颱風讓原本就不好走的山路變得更加險峻，幾乎每年都會遇上一個大颱風，只要出現這樣的颱風，我們通往學校的路就會被土石流給淹沒，嚴重程度常常是好幾個禮拜沒能進學校上課，只能另外找尋代替的場所上學。

土石流的景象在我腦海裡依舊清晰可見，總是從山的其中一面崩落，可以看見周遭都是樹幹和綠油油的枝葉，中間則是傾瀉而下的落石泥土。所以在設計這款甜點時特意將當時的景象呈現出來，以竹炭蛋白餅作為土石流碎石，泥土決定用栗子作為主角。然而栗子、蛋白餅正是傳統蒙布朗必備的兩個元素，而蒙布朗也是一座「山」的名字，所以對我來說也是將傳統創新後加入個人特色的蒙布朗，尤其在口味搭配上多了「紫羅蘭莓果醬」平衡栗子的甜膩，以花香增添了品嚐蛋糕的趣味。

也希望透過這個甜點可以提醒我們，當過度開發大自然時，它會用自己的力量來警告我們。懷抱著對山的尊敬以及喜愛，好好珍惜她給我們的生活地域，帶著感恩的心和平共存。

Ingrédient :

份量：15 個
模具：直徑 3cm 半圓形矽膠墊一張，直徑 5cm 半圓形矽膠墊一張，直徑 7cm 半圓形矽膠墊一張

榛果達克瓦茲
蛋白 160g
蛋白粉 2g（蛋白粉為西班牙品牌 Sosa，台灣由聯馥食品代理）
塔塔粉 1g
砂糖 50g
杏仁粉 50g

榛果粉 50g
純糖粉 100g
低筋麵粉 25g

紫羅蘭莓果醬
紫羅蘭莓果果泥 100g
冷凍黑莓果粒 50g
冷凍覆盆子果粒 50g
砂糖 40g
果膠粉 4g
綠檸檬汁 10g

栗子奶餡
全脂鮮奶 160g

無糖栗子泥 55g
有糖栗子泥 100g
蛋黃 40g
砂糖 40g
玉米粉 12g
吉利丁混合物 15g
無鹽奶油 105g
市售糖漬栗子 適量

栗子慕斯
無糖栗子泥 70g
有糖栗子泥 135g
A 動物性鮮奶油 135g
吉利丁混合物 21g

深色蘭姆酒 7g
B 動物性鮮奶油 270g

蛋白餅
蛋白 100g
砂糖 100g
純糖粉 100g
竹碳粉 2g

綠色巧克力噴霧
白巧克力 150g
可可脂 150g
抹茶粉 5g
綠色油脂色粉 適量

｛ 土 石 流 ｝

Recette ───────────────────────

榛果達克瓦茲：

1. 參考花生達克瓦茲餅皮的步驟 1~4，p. 51。。

2. 將拌好的達克瓦茲均勻抹在已經鋪上烤盤紙的 30×40cm 烤盤上。

3. 在達克瓦茲上撒上一層薄薄的糖粉，並以 180°C 烘烤 16 分鐘

4. 出爐後放涼，並且裁切成直徑 6cm 的圓片備用。

蛋白餅：

5. 先將三分之一的砂糖加入蛋白打發。

6. 隨後再分 2~3 次加入剩餘的砂糖，完成的蛋白霜拉起尖端呈現堅挺即可。

7. 將過篩的純糖粉、竹碳粉加入蛋白霜中拌勻。

8. 將拌好的蛋白霜均勻抹在已經鋪上烤盤紙的 30×40cm 烤盤上。

9. 以 100°C 烘烤至少 2 個小時，出爐後放涼收在保鮮盒備用。

紫羅蘭莓果醬：

10. 先將砂糖、果膠粉攪拌均勻備用。

11. 果泥、兩種莓果粒倒入單柄鍋加熱至 30°C，並加入 (10) 均質。

12. 將 (11) 一邊攪拌一邊煮至大滾後即可關火，離火後加入綠檸檬汁。

13. 將果醬灌入直徑 3cm 的矽膠模具當中，冷凍凝固備用。

栗子奶餡：

14. 將兩種栗子泥、鮮奶倒入鍋中，一邊加熱一邊均質成栗子牛奶。

15. 將玉米粉、砂糖、蛋黃均勻攪拌。

16. 栗子鮮奶分次倒入 (15) 當中，期間一邊攪拌。

17. 再倒回單柄鍋中，並且一邊煮一邊攪拌。

18. 煮至濃稠並且大滾後即可關火，離火後加入吉利丁攪拌均勻。

19. 將奶餡降溫至 40°C，加入室溫奶油均質至滑順，保鮮膜貼面冷藏備用。

接下頁 >>>>>

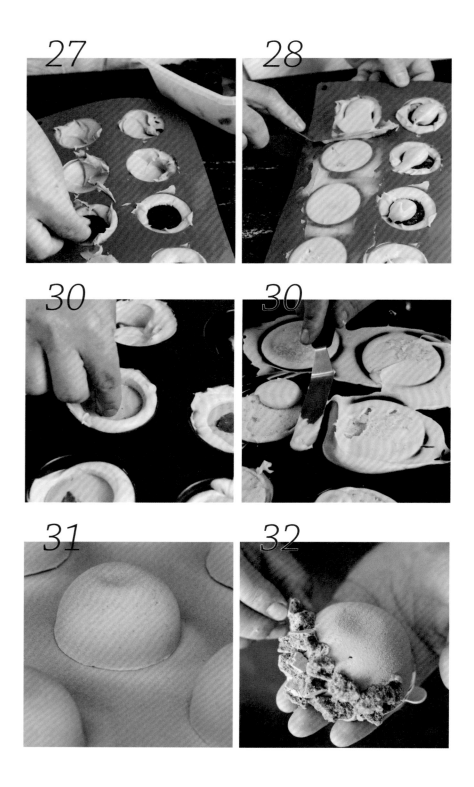

Recette ―――――――――――――――――――――――――――――

栗子慕斯：

20. 先將鮮奶油 B 打發至 7 分發，冷藏備用。

21. 將兩種栗子泥、鮮奶油 A 均質，並加熱至 45° C。

22. 將融化的吉利丁加至 (21) 再次均質，最後加入深色蘭姆酒。

23. 將 (22) 降溫至 30° C，並將打發鮮奶油分次輕柔拌入。

24. 完成的慕斯須立即使用，以免消泡。

綠色巧克力噴霧：

25. 將所有材料微波或隔水加熱至 45° C，均質後即可使用。

組合：

26. 先將栗子奶餡灌入直徑 5cm 的半圓形矽膠膜，放入些許栗子丁。

27. 再將冷凍凝固的半圓形紫羅蘭莓果醬塞入。

28. 最後補上少許栗子奶餡抹平，冷凍至凝固定型。

29. 將栗子慕斯填入直徑 7cm 的半圓形矽膠模，填入五分滿並且抹開。

30. 將已經定型直徑 5cm 的半圓栗子奶餡放入慕斯，放上達克瓦茲，抹平後冷凍。

31. 慕斯脫模放在烤盤上，其中一面以噴槍噴飾綠色巧克力噴霧。

32. 慕斯退冰後，再將蛋白餅撥碎裝飾在蛋糕的另一面即完成裝飾。

Titre

﹛ 圓 環 ﹜

Les histoires de pâtisseries ——————

還在法國的時候到了不少城市旅行，每到一個城市就一定會去當地的法式甜點店品嚐甜點，後來發現無論到哪個城市都能看見以不同容器裝填的甜點，而這在法式甜點裡頭其實有個分類，也就是「Verrine」（杯子）。後來在籌備河床的期間也很希望以容器來裝填甜點，讓創作可以更多元，更豐富。最後我們聯想起做實驗時會使用到的培養皿，正好我們也購買到可以冷凍冷藏的材質，於是就將它變成了我們創作甜點的重要元素。

在創作甜點的過程就有許多甜點使用到培養皿，舉例來說有檸檬塔、莓心、墳墓、櫻桃花園等。所以在設計思考草莓季的草莓蛋糕時，也絞盡腦汁思考著以什麼樣的形式呈現草莓蛋糕這個甜點可以更有特色，更不容易和別人撞衫。

然而草莓蛋糕也是我在法國才認識的一款甜點，法文叫做 Fraisier，是以杏仁蛋糕或者法式海綿蛋糕搭配上慕斯琳奶餡或者外交官奶餡，吃起來香草味很濃郁，奶味也濃厚，在天氣較為寒冷的法國品嚐到這樣的草莓蛋糕是真的很幸福。但其實在日本旅遊時就曾經吃過令人難以忘懷的草莓蛋糕，只是在日本都以海綿蛋糕搭配上國產的生鮮奶油來製作的。所以後來在設計我的草莓蛋糕就決定以兩者的元素合而為一，蛋糕的本體以法式的手法來完成，裝飾的部份就使用日本的鮮奶油來完成，這樣的搭配滿足了我的兩個願望呢！

在所有的法式甜點裡，我也總是覺得草莓蛋糕最能代表「幸福」一詞，冬天的時候，做一個草莓蛋糕送給心愛的人吧！

Ingrédient :

份量 : 12 個	草莓果醬	大溪地香草卡士達	中澤香緹
模具：深培養皿 12 個	草莓果泥 100g	動物性鮮奶油 50g	中澤乳霜 300g（中澤乳業由苗林行代理）
	冷凍草莓果粒 100g	全脂鮮奶 500g	
香草杏仁蛋糕	砂糖 20g	大溪地香草莢 1 根	純糖粉 20g
杏仁粉 70g	果膠粉 4g	蛋黃 120g	新鮮草莓 適量
純糖粉 85g	綠檸檬汁 5g	砂糖 120g	
香草粉 1g		玉米粉 50g	組合
全蛋 130g	草莓糖酒液	無鹽奶油 80g	防潮糖粉 適量
蛋白 90g	草莓果泥 100g		
砂糖 20g	飲用水 25g	慕斯琳奶餡	
塔塔粉 1g	砂糖 25g	卡士達 1180g	
低筋麵粉 25g	櫻桃白蘭地 50g	無鹽奶油 245g	

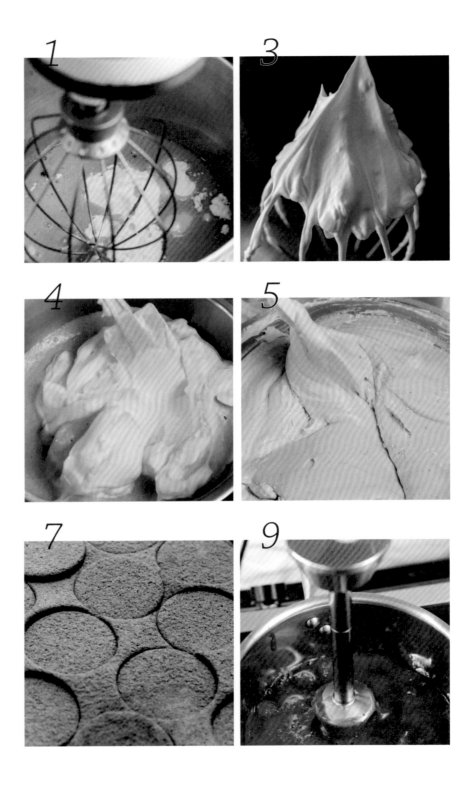

｛ 圓 環 ｝

Recette ————————————————————————

香草杏仁蛋糕：

1. 將全蛋、杏仁粉、香草粉、純糖粉打發至泛白。低粉過篩備用。

2. 蛋白倒入攪拌盆當中，將塔塔粉和 1/3 的砂糖加入，完成的蛋白霜拉起尖端呈現彎勾即可。

3. 將剩下的砂糖分 2~3 次加入，攪打至硬挺的蛋白霜即可放慢。

4. 將蛋白霜分次加入 (1) 當中，以刮刀攪拌均勻。

5. 分次加入低粉，以刮刀輕柔攪拌均勻，完成麵糊。

6. 將麵糊倒在已經鋪上烤盤紙的 30×40cm 烤盤上，抹平後以 180°C 烤 16 分鐘。

7. 出爐後放涼，將蛋糕裁切成 6cm 圓片備用。

草莓果醬：

8. 將砂糖、果膠粉攪拌均勻備用。

9. 草莓果泥、草莓果粒煮至 30°C 均質，加入 (8) 攪拌均勻。

10. 一邊煮一邊攪拌至大滾後加入檸檬汁離火，以保鮮膜貼面冷藏備用。

草莓糖酒液：

11. 將除了白蘭地以外的材料裝入鍋中，以小火煮至砂糖溶解即可關火。

12. 加入白蘭地後攪拌均勻，冷藏備用。

大溪地香草卡士達：

13. 參照草莓塔，p. 63。

備註：材料中的鮮奶油加入鮮奶一起烹煮，其餘步驟相同。

慕斯琳奶餡：

14. 將退冰的卡士達醬倒入攪拌機，攪打至軟化。

15. 分次加入切塊室溫奶油，直到奶餡呈現光亮滑順。

16. 若奶餡有顆粒不滑順，可以吹風機稍微加熱達到完全乳化。

17. 完成的慕斯琳奶餡須立即使用。

接下頁 >>>>>

Recette ────────────────────────────────

組合 & 中澤乳霜：

18. 將洗淨的草莓取一部分切薄片備用。

19. 取兩片蛋糕刷上草莓酒糖液，一片擠上 20g 的草莓果醬，另一片覆蓋。冷凍定型。

20. 將切片草莓圍在培養皿當中，冷凍定型。

21. 將慕斯琳奶餡裝入擠花袋，擠入培養皿，並以小抹刀抹勻。

22. 在中間的塞入 (20) 的蛋糕，並且補上奶餡抹平，冷藏定型。

23. 將中澤乳霜和糖粉倒入攪拌盆，打發至有彈性可擠花即可。

24. 取出培養皿，在培養皿上放上整顆的草莓，並擠上香緹，最後撒上防潮糖粉即完成裝飾。

────────────────────────────────

25

Titre

{ 墳 墓 }

Les histoires de pâtisseries ────────────────

「節日」對於甜點店其實是相當重要的日子，新年和中秋要做禮盒，情人節、聖誕節、父親節、母親節，好多節日可能都需要做限定款的甜點，作為一個甜點師除了管理、生產外，最重要的應該就是思考每一季的新甜點。回到台灣開店以後遇到的第一個節日是萬聖節，其實不是每一間甜點店都會為萬聖節特別設計一款甜點，有些甜點店會做一些萬聖節的可食用裝飾，放在甜點上增添一些萬聖節的氣息。而萬聖節畢竟是自己遇到的第一個節日，不做一款限定甜點，實在有點可惜，於是「墳墓」就這樣誕生啦！

我以提拉米蘇來打造一個墓園，也想多多利用培養皿來做甜點創作。在思考口味的時候覺得單純的提拉米蘇有些無趣，正好當時很流行一種名叫「西西里咖啡」的飲品，是以檸檬和咖啡結合而成的。我就決定將檸檬的元素放進提拉米蘇當中，沒想到最後的成品蠻受大家喜愛，真的很令人雀躍。

就如同一開始覺得做甜點就像在變魔術一般，甜點師好像有個職責要去撫慰每一個人的心，讓快樂的人更幸福，讓難過的人忘記悲傷。在每一個節日裡我們也都努力用甜點帶給所有過節的人一些日常生活中的驚喜，讓甜點不只是甜點，也可以是幸福的傳遞。

Ingrédient :

份量：10 個
模具：深培養皿 10 個，長
12cm 寬 4cm 高 2cm
橢圓形鐵框 5 個，高 1cm
長寬 15×15cm 模具 1 個

手指蛋糕
砂糖 70g
蛋白 70g
低筋麵粉 40g
蛋黃 40g

巧克力脆脆
奶油 50g
二號砂糖 50g
鹽 1g
杏仁粉 50g

低筋麵粉 35g
可可粉 10g
巴芮脆片 8g

咖啡糖酒
砂糖 60g
飲用水 100g
濃縮咖啡粉 10g
深色蘭姆酒 10g
咖啡利口酒 30g

香檸奶餡
香檸果泥 56g
全蛋 87g
砂糖 63g
吉利丁混合物 8g
無鹽奶油 100g

咖啡打發甘納許
動物性鮮奶油 180g
白巧克力 90g
動物性鮮奶油 180g
吉利丁混合物 18g
濃縮咖啡粉 8g

巧克力殼
可可脂 200g
52% 黑巧克力 200g
可可粉 適量

黃檸檬果醬
新鮮黃檸檬 110g（處理過後的重量）
砂糖 100g
黃檸檬果泥 60g

果膠粉 4g

馬斯卡彭慕斯
動物性鮮奶油 163g
砂糖 67g
飲用水 26g
蛋黃 47g
馬斯卡彭乳酪 187g
吉利丁混合物 19g
蛋白 20g
砂糖 8g

組合
巧克力跳跳糖 適量
融化巧克力 適量

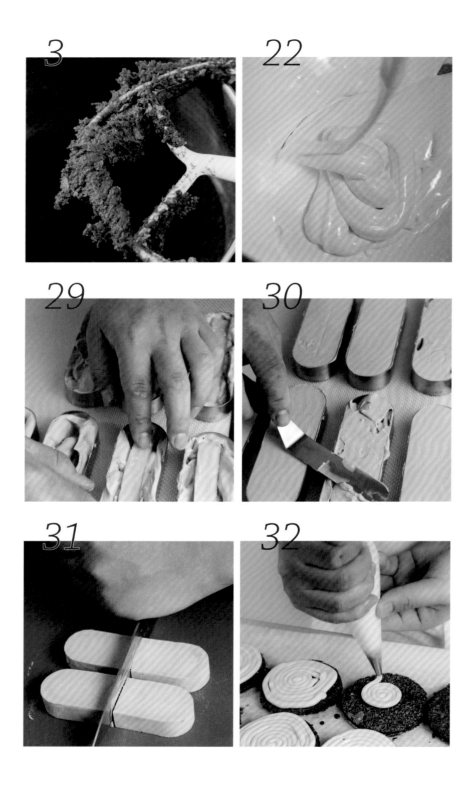

{ 墳 墓 }

Recette ───────────────────────────────

手指蛋糕：

1. 參照妮妮，p. 57（蛋糕裁切成直徑 7cm 備用）。

巧克力脆脆：

2. 將麵粉、可可粉過篩，並且將室溫奶油切塊備用。

3. 除了巴芮脆片以外的材料攪拌均勻，最後拌入巴芮脆片。

4. 將麵團鋪平在放上烤盤紙的烤盤上，冷藏備用。

5. 以 170°C 烘烤 25 分鐘即可出爐，放涼後可裝入夾鏈袋中壓碎備用。

咖啡糖酒：

6. 將砂糖、水、濃縮咖啡粉煮滾放涼。

7. 將兩種酒加入糖水當中攪拌均勻冷藏備用。

咖啡打發甘納許：

8. 參照史特拉斯堡的櫻桃白蘭地打發甘納許，p.81。

備註：咖啡粉加入第一份鮮奶油進行加熱，其餘步驟相同。

香檸奶餡：9. 參照柚子塔，p.37。備註：香檸果泥取代日本柚子汁。

巧克力殼：10. 除了可可粉外，全部的材料融化，進行均質，將其溫度控制在 40～45°C 即可使用。

黃檸檬果醬：

11. 在新鮮的黃檸檬表面以竹籤戳滿洞，並且切掉頭尾，不要切到肉。

12. 將戳完洞的檸檬裝入鍋中，以冷水淹過檸檬進行加熱，加熱至冒煙。

13. 將水倒掉，再次填入冷水重複動作 5~6 次。

14. 將處理好的黃檸檬切開，去除籽以及纖維。

15. 處理好的檸檬重新秤重，將所有材料和檸檬裝入食物調理機進行攪打。

16. 打成泥後將其倒入鍋中，一邊加熱一邊攪拌，煮至大滾即可離火。

17. 將完成的檸檬果醬倒入 高 1cm 長寬 15×15cm 的模具當中，進行冷凍定型。

18. 定型後將果醬切成 1×11cm 的長條果醬，冷凍備用。

接下頁 >>>>>

Recette ————————————————————

馬斯卡彭慕斯：

19. 將鮮奶油攪打至 6~7 分發，冷藏備用。

20. 將馬斯卡彭乳酪退回室溫，稍微攪拌至軟化。

21. 將蛋黃倒入攪拌盆當中，進行攪打至膨脹，期間將 67g 的砂糖和水煮至 121°C，慢慢倒入蛋黃當中完成炸彈麵糊。

備註：炸彈麵糊少量難以製作，可將配方增加倍數製作。

22. 待炸彈麵糊攪打至 35°C，且拉起會呈現緞帶狀滑落即可使用。

23. 先將吉利丁微波融化，取一部份馬斯卡彭與之拌均，再將其攪拌回全部的馬斯卡彭當中。

24. 隨後將炸彈麵糊加入 (23) 當中，攪拌均勻。

25. 此時可以開始打蛋白霜，8g 的砂糖一次加入蛋白將其以中速打發。

26. 將打發的鮮奶油拌入 (24) 當中，最後拌入剛打好的蛋白霜即完成慕斯。

27. 製作完的慕斯須立即使用，以免凝固或消泡。

組合：

28. 將咖啡甘納許打發，打發至微微有彈性即可裝入擠花袋當中。

29. 將打發甘納許灌入橢圓形鐵框，以小抹刀抹開，並且塞入檸檬果醬。

30. 補上些許打發甘納許，將其抹平，進行冷凍。

31. 凝固過後將其切半冷凍備用。

32. 在手指蛋糕上刷上咖啡酒糖液，並且以螺旋的方式擠上香檬奶餡，冷凍備用。

33. 準備培養皿，將剛製作完的慕斯填入其中，並且以抹刀抹開。

34. 將冷凍凝固的蛋糕塞入慕斯當中。

35. 補上些許慕斯將其抹平後送入冷凍凝 固定型。

36. 以小刀切下一塊方形的慕斯，以做為放置墓碑的空間。

37. 以竹籤插入墓碑頂端，沾裹巧克力殼，沾裹後立即刷上可可粉。

38. 將墓碑直接放入慕斯所下留下的空間，並且在培養皿剩餘空間撒上巧克力脆餅以及跳跳糖。

39. 最後以融化巧克力擠出十字架，凝固後插在墳墓的上頭即完成裝飾。

Le
journal
d'un
pâtissier

第六章：現實的考驗

直到現在常常還是會有人問我當初這麼年輕開店後不後悔，會不會覺得要是給自己多一點時間學習再創業就不會那麼困難，那麼累，跌得鼻青臉腫。我想我不曾後悔自己做過的任何選擇，但是在選擇背後卻是一連串的揹負和承擔。

剛下山的時候每天的生意很好，日銷售的小蛋糕可以販售到將近 300 個，我想也是在那時候變得有點自滿，沒有危機意識，總覺得好像會一直好下去。也因為生意很好，名氣越來越大就忘記去檢視自己的不足。然而第一次開店的自己從沒有意識到所有的「好」可能都只是一種開幕蜜月期所帶來暫時的假像，大家在給你機會，而如果你沒有進步，沒有檢討，沒有給自己壓力成長，所謂的好景就會不常。

半年以後生意突然沒來由變差，銷售量變成全盛時期的四分之一不到，那時候常常待到店打烊，坐在空無一人的座位區，望向蛋糕櫃裡滯銷的甜點發著呆，那種無可奈何的心情總是一天又一天重複來襲。隨後幾乎每個月都是打平，後來有整整將近一年還不了一毛錢，自己甚至好幾個月都沒有領薪水。

有一段時間我很討厭自己，因為開始明白其實我不懂得怎麼當好一個主廚，怎麼當一個有自信的領導人，怎麼當一個有責任感的老闆，我只是單純想開店卻根本沒準備好成為該成為的角色。那時候甚至逃避來上班，逃避進入廚房，明明是自己的店，卻覺得格格不入，常常等員工下班才一個人到廚房裡做甜點，做到凌晨才又一個人騎著機車，拖著疲憊的心和身體回家。

我知道不能這樣下去，知道自己就像一個不稱職的船長，而當時的河床就像一艘載浮載沉的船。

那些日子回到家總是會躲在房間裡哭，心中夾雜著自責、內疚和怯懦，心中有很多心事想說想分享，但同年紀的朋友們都還在大學裡玩耍，又覺得家人知情一定會有不捨，所以常常就一個人消化這些心事。我想當時的我完全沒有意識到這件事原來這麼困難，當時的自己能力有多不足，自己的責任是多麼的大。

這樣的情況大約維持了一年，在 2017 年年底決定給自己一個月的假期，很不負責任的向員工請了假，啟程徒步環島。那時的自己正好也失戀，是真的覺得自己失去了所有形狀，既不知道怎麼做好一個老闆一個主廚，也不知道怎麼做好一個情人。那一個月我關掉了所有社群媒體，關掉了通訊軟體，一邊走著一邊反省自己，反省這幾年發生的事情，反省自己做不好的角色背後所堆積的問題，也反省自己總是躲在廚房裡不願意面對自己是一個要顧全局的經營者。

那一個月我從河床出發，走了 906 公里，130 萬步，最後再回到河床，也從秋天一直走到了冬天。我無法鉅細靡遺地敘述旅行的我在想著什麼，有時候邊走邊哭，有時候開懷大笑，有時候停滯不前，就像是自己的人生縮影透過一場旅行看清了許多。大概就是那場旅行救了我，徒步環島前後的兩個月，河床的營業額扣除成本都還倒賠五萬元，可是卻在我徒步環島後的那個月淨賺了整整三十萬。

當時的我沒有意識到發生什麼事，只知道我好像振作起來了，我好像開始去面對自己恐懼的事情。我開始每一季替蛋糕櫃做新的佈置，一個月內設計出七款全新的甜點，然後和藝術家合作在河床辦展覽，在客人較為稀少的平日下午舉行美術課並且畫著河床的甜點，並且替不同的品牌設計聯名款甜點。

除了在河床的工作外，我甚至利用休假的時間到外縣市教甜點課、演講，把握所有機會讓河床變得更好，也讓自己拼命的往上爬。我常常形容那段日子飛快得像在一天過完一整年，還來不及反應過來已經度過了不知道多少個日子。

其實就好像坐上一艘船，以為風景美麗，以為一帆風順，卻不知道前方有著深不見底的瀑布，而當自己從瀑布摔了下去，跌進了漩渦裡，才知道表面光鮮亮麗的生活，其實充滿著不可預期的難關。這個過程會孤獨的不得了，真的非常非常孤獨，你看著那些年齡和你相仿的客人吃著甜點，聊著生活開懷大笑，卻發現自己已經和他們不一樣，已經失去了那種單純享受快樂的能力，才發現自己已經習慣生活是如此沉重，如此孤獨。

所以我是這樣回答大家的問題的：當然如果我30歲再開店可能就不會有那麼多災難，也不會如此跌跌撞撞，甚至在身心靈上就不會那麼孤單。21歲就開店是非常非常非常孤獨的一件事，因為你要知道你的同輩沒有人理解你的煩惱和悲傷，你甚至也不敢和家人訴說，有時候你要管的人比你的年紀大上很多，更是壓力加倍。但就是因為年紀很小就承擔這些，就面對這些問題，

所以遍體鱗傷，所以變得很堅強很勇敢。我不敢說未來我如果開店就一定會成功，但至少，我不再害怕，不再有恐懼，我願意承擔所有眼前的問題，願意為自己的決定負責。

這就是下山以後所面對的考驗，而我想現實的考驗不只是我們，還有我們的作品，下山以後我做了許多和動物保育有關的甜點，也設計出了一些有著議題背景的甜點，像是台灣黑熊的保育、鯨鯊濫捕、大象虐待等等的議題都成為了我創作甜點的靈感。而關乎人的還有我自己最喜歡的作品「象牙海岸」講述著西非童工的遭遇。這個階段的自己開始嘗試以自身關心的議題作為甜點的創作發想，也進而讓更多人產生共鳴。或許沒辦法真的以甜點改變世界，但我希望我的甜點可以不只是食物，更是一種傳遞訊息的媒介。

在這段時間我也開始回頭去看我是誰？我來自哪裡？
所以也開始使用更多台灣在地元素來創作甜點，其中像是珍珠奶茶、鳳梨酥都變成了我創作甜點的靈感來源，將其拆解，並且以法式甜點的手法再次組合，就成為了一道道層次豐富又有家鄉味的法式甜點了。

現實的考驗，是多麼不容易，可一步一步走過了才會明白這些考驗有多麼珍貴。

26

Titre

﹛ 鯨 鯊 ﹜

Les histoires de pâtisseries —————————

鯨鯊這款蛋糕是在 2018 年夏天完成的，想趕在 8/30 前完成是因為那天正是國際鯨鯊日，想搭配著重要的日子讓蛋糕更有意義。多年前看了一部台灣紀錄片《餘生共游》，那是一部講述台灣鯨鯊所面臨的困境，包括被關在魚缸裡的鯨鯊已經遍體麟傷，豢養後放生失去了生存能力，又或者是被濫捕遭到食用的種種命運。那時就很想做一款屬於鯨鯊的甜點，但一年過了一年都想不到呈現的方式，只在一張便條紙上寫下了「鯨鯊」兩個字貼在書桌前整整兩年。

直到 2018 年終於想到食材和呈現方式，鯨鯊的別名是豆腐鯊，原因在於鯨鯊的肉質細嫩，如同豆腐，所以我使用嫩豆腐作為蛋糕體，灰色皮膚則使用了黑豆漿及黑芝麻醬，搭配上牠最令人印象深刻的白色斑點紋路，另外，使用白巧克力打發甘納許製造不規則的波紋來製造出海浪。

這個甜點不同於一般的法式甜點，沒有誇張的顏色和裝飾，沒有濃烈的口味搭配或者鮮明的層次，材料更是使用了許多亞洲食材。我希望這款甜點從外觀一直到品嚐的感受，就如同鯨鯊的性格那樣溫柔，卻又令人印象深刻。

常常有人會問我甜點對我來說是什麼？我想在不同的情況下，甜點對我來說的意義都會有所不同，大多時候甜點能帶來幸福，能撫慰人心。但是有時候我希望甜點是一種傳遞訊息的媒介，藉由甜點能讓更多人知道我關心的事物，也讓那些被忽略的存在能再次被看見。

Ingrédient :

份量：2 個	低筋麵粉 250g	砂糖 36g	無鹽奶油 105g
模具：直徑 15cm 高 2cm		吉利丁混合物 57g	
鐵框 2 個，直徑 14.5cm	**豆腐蛋糕**	動物性鮮奶油 206g	**白巧克力打發甘納許**
高 2cm 鐵框 2 個，直徑	嫩豆腐 35g	無糖黑芝麻醬 24g	動物性鮮奶油 108g
12cm 鐵框 1 個	無糖黑豆漿 25g	竹碳粉 7g	白巧克力 60g
	植物油 30g		吉利丁混合物 15g
	泡打粉 1g	**黑糖奶餡**	動物性鮮奶油 108g
芝麻塔皮	低筋麵粉 55g	全脂鮮奶 163g	
純糖粉 85g	蛋白 140g	動物性鮮奶油 58g	**組合**
鹽 2g	砂糖 90g	砂糖 5g	鏡面果膠 適量
無鹽奶油 125g		黑糖 35g	
杏仁粉 20g	**豆漿芝麻慕斯**	玉米粉 16g	
黑芝麻粉 20g	無糖黑豆漿 145g	蛋黃 30g	
竹碳粉 2g	蛋黃 24g	吉利丁混合物 15g	
全蛋 50g			

〔 鯨 鯊 〕

Recette ——————————————————————

芝麻塔皮：

1. 參照柚子塔，p. 37。

備註：竹碳粉、芝麻粉、杏仁粉一同加入，其餘步驟相同。

黑糖奶餡：

2. 將玉米粉過篩加入砂糖、黑糖、蛋黃攪拌均勻。

3. 鮮奶油、鮮奶加熱至冒煙，分次加入 (2) 攪拌均勻再回到鍋中。

4. 一邊煮一邊攪拌，煮至濃稠並小滾一分鐘即可關火。

5. 離火後加入吉利丁攪拌均勻。

6. 將奶餡降溫至 45° C 後加入室溫奶油均質至滑順，完成後以保鮮膜貼面冷藏。

白巧克力打發甘納許：

7. 參照史特拉斯堡的櫻桃白蘭地打發甘納許，p. 81。

備註：除添加酒外，其餘程序相同。

豆漿芝麻慕斯：

8. 將冷藏一夜的打發甘納許打發至可擠花之軟硬度。

9. 在直徑 14.5cm 高 2cm 的鐵框當中擠出大小不一的圓點，完成後冷凍備用。

10. 鮮奶油打至 6~7 分發冷藏備用。

11. 吉利丁、黑芝麻醬、竹炭粉倒入耐熱量杯備用。

12. 將蛋黃和砂糖攪拌至泛白。黑豆漿加熱至冒煙。

13. 將熱豆漿沖入蛋黃砂糖，攪拌均勻後再倒回鍋中，加熱攪拌至 83° C，沖入 (11)，進行均質。

14. 待 (13) 降溫至 30° C 進行過篩，並慢慢倒入打發鮮奶油攪拌均勻。

15. 完成的慕斯立即灌模至已擠好紋路的鐵框中，稍微敲打出氣泡。

16. 冷凍至凝固後脫模備用。

接下頁 >>>>>

Recette ————————————————————————————

豆腐蛋糕：

17. 將豆腐過篩，和豆漿、植物油混合均勻。

18. 加入過篩的低筋麵粉、泡打粉到 (17) 中攪拌均勻。

19. 將三分之一的砂糖加入蛋白中打發，並且分 2~3 次將剩餘砂糖加入，完成的蛋白霜拉起尖端呈現堅挺即可。

20. 打好的蛋白霜分次加入麵糊當中，以刮刀輕柔攪拌均勻。

21. 將麵糊抹在 30×40cm 鋪上烤盤紙的烤盤上，以 160°C 烘烤 15 分鐘。

22. 出爐後以直徑 12cm 的鐵框將蛋糕裁切下來備用。

組合：

23. 取出凝固的慕斯脫膜，以小刀固定住慕斯底部，並以小抹刀抹上不規則的打發甘納許，製造出海浪波紋，完成後再次冷凍凝固。

24. 將冷藏過後的黑糖奶餡拌軟，抹入塔中。

25. 再將豆腐蛋糕塞入塔中。

26. 補上黑糖奶餡抹平，冷藏備用。

27. 鏡面果膠微波加熱至 50°C，取出凝固的慕斯並以噴槍噴飾果膠在慕斯上。

28. 將慕斯放置在塔上即完成。

27

﹛ 象 牙 海 岸 ﹜

Les histoires de pâtisseries ——————————

當有人問我最喜歡的作品是哪一個？我毫不猶豫回答「象牙海岸」，所以規劃這本書時也想著一定要將它放進。象牙海岸其實是我在法國生活時就已畫好設計圖的甜點，當時還特別請鐵工打造一個手掌模型來壓製塔皮。會想設計這款甜點，是因一開始籌備河床時，看過不少文章提到巧克力其實有許多不為人知的悲劇，像是某些低廉的零食巧克力原料可能源自於童工栽種。後來看了紀錄片《巧克力的黑暗面》更讓我們震驚，非洲很多孩子都被綁架進行人口販賣，被運到象牙海岸奴役成為可可童工，如反抗或想逃走就會被毒打一頓，其中年紀最小的甚至不到十歲。

所以很早我就開始不再購買涉入童工的巧克力廠牌商品，這些資訊其實在網路上都可以找到，當你看到那些資訊你會很震驚，因為那些品牌都是超商、機場可見的，甚至和連鎖量販店聯名，而大多數民眾都在不知情的情況下成了加害者。經營河床期間，我們也盡可能使用公平貿易的巧克力來製作甜點，烘焙用的巧克力大多都是單一產地，較不會有童工問題，雖然較為昂貴，但公平貿易不會層層剝削，讓非洲農民有足夠薪水供孩子上學及好的生活品質。

這款蛋糕以手掌形狀的巧克力餅乾為基底，象徵非洲孩子，手上是可可豆，以三種巧克力：黑巧、牛巧、白巧製作成慕斯。希望透過這個甜點向消費者提醒消費行為其實可以直接影響世界，唯有抵制那些童工巧克力，他們才會好好正視這個問題。

Ingrédient :

份量：15 個
模具：可可豆矽膠模 4 張，
3cm 半圓形矽膠墊 1 張，
手掌模具 1 個

巧克力餅乾
純糖粉 90g
鹽 2g
無鹽奶油 125g
杏仁粉 40g
低筋麵粉 200g
可可粉 40g
全蛋 50g

法式巧克力海綿蛋糕
蛋白 105g
砂糖 105g
蛋黃 112g
可可粉 23g
低筋麵粉 25g
無鹽奶油 28g

白蘭地酒糖液
砂糖 60g
飲用水 120g
櫻桃白蘭地 40g

白巧克力慕斯
全脂鮮奶 85g

砂糖 50g
吉利丁混合物 40g
蛋黃 45g
動物性鮮奶油 285g
白巧克力 105g

牛奶巧克力慕斯
全脂鮮奶 150g
砂糖 80g
吉利混合物 55g
蛋黃 70g
動物性鮮奶油 280g
牛奶巧克力 150g

黑巧克力慕斯

全脂鮮奶 150g
砂糖 90g
吉利丁混合物 45g
蛋黃 70g
動物性鮮奶油 280g
72% 黑巧克力 155g

巧克力噴霧
可可脂 200g
白巧克力 200g
紅色油性色粉 適量
黃色油性色粉 適量

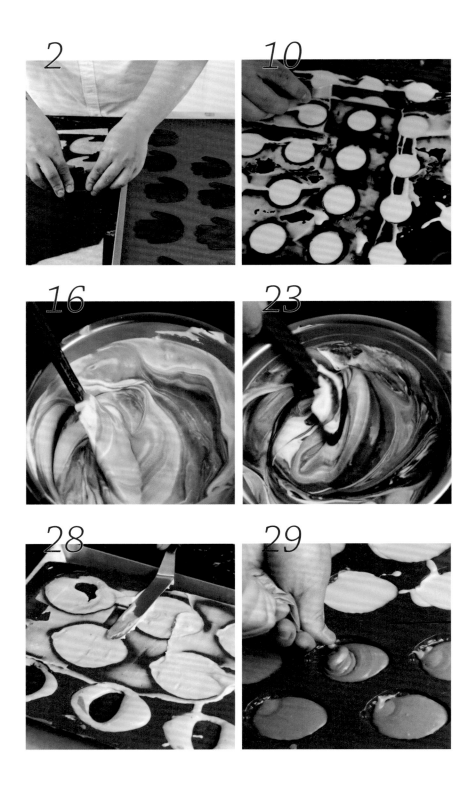

｛ 象 牙 海 岸 ｝

Recette ─────────────────────────────

法式巧克力海綿蛋糕：

1. 參照史特拉斯堡，p. 81。備註：出爐後放涼，裁切成橢圓形備用。

巧克力餅乾：

2. 參照柚子塔的塔皮作法，p. 37。備註：可可粉和低粉一同過篩備用，其餘步驟相同。完成的
   塔皮擀薄至 0.3cm，以手掌模具裁切，並且以 170°C 烘烤 20 分鐘，出爐備用。

白蘭地酒糖液：

3. 將糖和水煮至溶解，冷卻後加入白蘭地冷藏備用。

白巧可力慕斯：

4. 白巧克力、吉利丁倒入耐熱量杯備用。

5. 將鮮奶油打至 6~7 分發，冷藏備用。

6. 將蛋黃、砂糖攪打至泛白，鮮奶加熱至冒煙。

7. 鮮奶慢慢倒入蛋黃糊當中，攪拌均勻，再倒回煮鍋中。

8. 一邊煮一邊攪拌至 83°C，過篩倒入 (4) 當中進行均質。

9. 將 (8) 降溫至 26°C，並且分次加入打發的鮮奶油，攪拌均勻。

10. 將慕斯灌入直徑 3cm 的矽膠模當中，進行冷凍凝固。

牛奶巧克力慕斯：

11. 將巧克力、吉利丁倒入耐熱量杯備用。

12. 將鮮奶油打至 6~7 分發，並且冷藏備用

13. 將蛋黃、砂糖攪打至泛白，鮮奶加熱至冒煙。

14. 鮮奶慢慢倒入蛋黃糊當中，並且一邊攪拌，再倒回煮鍋中。

15. 一邊煮一邊攪拌至 83°C，過篩倒入 (11) 當中進行均質。

16. 將 (15) 降溫至 28°C，並且分次加入打發的鮮奶油，攪拌均勻。

17. 完成的慕斯須立即使用，以免消泡。

接下頁 >>>>>

Recette ———————————————————————————

黑巧克力慕斯：

18. 將巧克力、吉利丁倒入耐熱量杯備用。

19. 將鮮奶油打至 6~7 分發，並且冷藏備用。

20. 將蛋黃、砂糖攪打至泛白，鮮奶加熱至冒煙。

21. 熱鮮奶慢慢倒入蛋黃糊當中，並且一邊攪拌，再倒回煮鍋中。

22. 一邊煮一邊攪拌至 83° C，倒入 (18) 當中進行均質。

23. 將 (22) 降溫至 30° C，並分次加入打發的鮮奶油，以切拌方式完成慕斯，完成的慕斯須立即使用，以免消泡。

巧克力噴霧：

24. 將所有材料微波或隔水融化，進行均質，分別調成兩種顏色。

25. 使用前溫度須調整至 45° C。

組合：

26. 巧克力蛋糕刷上白蘭地酒糖液備用。

27. 牛奶巧克力慕斯灌入可可豆的模具當中，以小抹刀抹勻。

28. 將巧克力蛋糕塞入牛巧慕斯當中，補上慕斯並抹平冷凍。

29. 黑巧克力慕斯灌入另一張可可豆模具當中，以小抹刀抹勻。

30. 將白巧克力慕斯塞入黑巧克力慕斯當中，補上慕斯後抹平冷凍。

31. 將凝固的可可豆脫模，將兩半可可豆合而為一，牛奶巧克力朝下。

32. 準備好噴槍，將加熱好的巧克力噴霧裝入，先噴上黃色。

33. 再噴紅色。

34. 將噴完顏色的可可豆放置在巧克力餅乾上，即完成裝飾。

28

{ 黑 熊 森 林 }

Les histoires de pâtisseries ─────────────

我經常在網路上分享我的創作，也分享自己在意和關心的議題。2017 年的天收到一封私訊，一個女孩提供了一個想法給我，希望我能以台灣黑熊來創作甜點，當時正好要上映一部紀錄片叫做《黑熊森林》，紀錄片也訴說著台灣黑熊所面臨的困境以及威脅，也因此用這個名字做為創作題材。

曾經旅行香港，在機場看到違禁品的櫥窗裡有熊掌，甚至是熊膽、熊皮，因為人類的貪婪使得黑熊的數量一直在減少。上網看了文章看到這一段「研究中捕捉到的 15 隻黑熊中，便有 8 隻有斷掌或斷趾的情形，這是黑熊過去曾被陷阱捕獲再逃脫的證據。」，因為各種開發也使得黑熊的生活空間一直在減少，在我們不停拓展和開發山林的同時，其實有許多的動物失去了家園。

我利用裹上可可粉的餅乾來呈現倒下的樹幹，象徵生存環境受到的威脅。在創作這款甜點的時候也特意上網搜尋黑熊的主食，雜食性的黑熊的食物名單中只有蘋果和蜂蜜是人類也可以食用，所以選用這兩個食材來製作夾層。至於在裝飾上，蛋糕的表層上也利用大小腳印來表達黑熊的足跡，在森林裡面熊媽媽都會帶著自己的孩子行動。

除了蛋糕的理念希望被傳達外，當時在店內販售這款蛋糕，每賣出一個會捐出 5 元給相關單位，2017~2018 年共賣出了上千個，希望能為黑熊保育盡一份微小的心力。

Ingrédient :

份量：12 個	砂糖 20g	蜂蜜炒蘋果	白巧克力打發甘納許
模具：直徑 7cm 高 2.7cm	塔塔粉 1g	富士蘋果 500g	動物性鮮奶油 108g
矽膠模 2 個，直徑 5.5cm		蜂蜜 66g	白巧克力 60g
高 1cm 矽膠模 1 個	錫蘭紅茶慕斯	綠檸檬汁 A 10g	吉利丁混合物 15g
	全脂鮮奶 180g	蜂蜜 66g	動物性鮮奶油 108g
錫蘭紅茶杏仁蛋糕	錫蘭紅茶粉 15g	吉利丁混合物 33g	
全蛋 150g	錫蘭紅茶醬 15g（品牌	綠檸檬汁 B 33g	巧克力樹枝
純糖粉 75g	為日本 Narizuka，台		市售巧克力捲心酥一包
杏仁粉 75g	灣由明資食品代理）	紅茶爆米香	52% 黑巧克力 300g
低筋麵粉 25g	蛋黃 75g	白巧克力 200g	可可粉適量
錫蘭紅茶粉 5g（品牌為日	砂糖 50g	麥穀爆米香 70g	
本 Narizuka，台灣由明	白巧克力 115g	錫蘭紅茶粉 10g	組合
資食品代理）	吉利丁混合物 63g	可可脂 20g	鏡面果膠適量
蛋白 110g	動物性鮮奶油 405g		

{ 黑 熊 森 林 }

Recette ————————————————————————

蜂蜜炒蘋果：

1. 將切丁的蘋果、其中一份蜂蜜、檸檬汁 A 放入鍋中，以小火煮至收乾，蘋果呈現半透明。

2. 將吉利丁融化，連同第二份蜂蜜、檸檬汁一起加入蘋果中拌勻。

3. 在直徑 5.5cm 的模具當中填入 30g 的蜂蜜炒蘋果凍，冷凍定型。

錫蘭紅茶慕斯：

4. 將白巧克力、吉利丁、紅茶醬倒入耐熱量杯備用。

5. 鮮奶油打發至 6~7 分發，冷藏備用。

6. 鮮奶和茶粉攪拌均勻，煮至冒煙。

7. 蛋黃和砂糖攪拌至泛白，將鮮奶慢慢倒入，攪拌均勻後再過篩回鍋中。

8. 一邊煮一邊攪拌至 83°C，沖入 (4) 進行均質。

9. 將 (8) 降溫至 30°C，拌入鮮奶油，即完成慕斯。

10. 完成的慕斯須立即使用，以免消泡。

錫蘭紅茶杏仁蛋糕：

11. 麵粉過篩備用。

12. 將全蛋、過篩的糖粉、紅茶粉、杏仁粉打發至泛白。

13. 將三分之一的砂糖、塔塔粉加到蛋白中打發，分 2~3 次加入剩餘砂糖，直到蛋白霜打至硬挺。

14. 將打好的蛋白霜分次拌入 (12) 中，以切拌的方式攪拌均勻。

15. 加入低粉，以切拌的方式攪拌均勻。

16. 麵糊攪拌均勻後倒在鋪上烤盤紙的 30×40cm 烤盤上抹平，以 170°C 烘烤 15 分鐘，出爐後裁切成直徑 6cm 的圓片備用。

接下頁 >>>>>

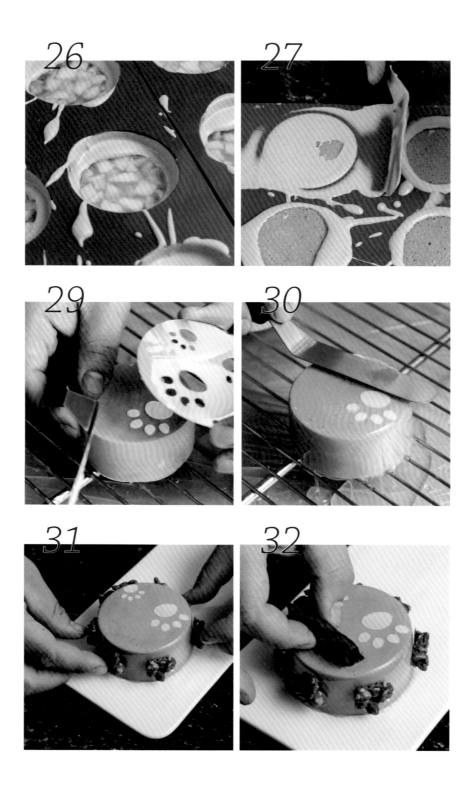

Recette ————————————————————————————————————

白巧克力打發甘納許：

17. 參照史特拉斯堡的櫻桃白蘭地打發甘納許，p.81。備註：除添加酒外，其餘程序相同。

巧克力樹枝：

18. 將捲心酥切段備用。並將黑巧克力隔水融化。

19. 將每一段捲心酥裹上黑巧克力，再滾入可可粉中。

20. 以篩網過篩掉多餘可可粉，將完成的樹枝冷藏備用。

紅茶爆米香：

21. 將爆米香以 120° C 進行回烤 10 分鐘，放涼備用。

22. 白巧克力隔水加熱至 45° C，加入可可脂和茶粉攪拌均勻。

23. 將白巧克力降溫至 25~26° C，再升溫至 27~28° C 即完成調溫。

24. 拌入爆米香，將其抹平在以鋪上烤盤紙的烤盤上，冷藏備用。

組合：

25. 將慕斯灌入直徑 7cm 的模具五分滿，以小抹刀抹勻。

26. 放入蘋果凍，補入少許慕斯。

27. 放上蛋糕，抹平後冷凍。

28. 準備一個烤盤和網架，將凝固的慕斯脫模，放置在網架上。

29. 將打發甘納許打發，在慕斯表面抹上熊掌。

30. 鏡面加熱至 40° C 後淋在冰凍的慕斯上，抹去多餘的鏡面。

31. 在蛋糕上貼上紅茶爆米香。

32. 最後在慕斯表面擺上樹枝即完成裝飾。

29

———— *Titre* ————

﹛ 珍 珠 奶 茶 千 層 ﹜

Les histoires de pâtisseries ———

我在經營河床的後期，我開始嘗試以不同的方式來創作甜點，其中我開始以台灣小吃元素做為創作甜點的發想，而說到台灣小吃怎麼能忽略珍珠奶茶呢？在創作這款甜點的時候受到許多限制，我們都知道珍珠不太能冰，所以必須最後放上去，我又希望手搖飲料杯的形體能變成可以食用的物體。想了很久才想到過去創作「聖多諾黑」時曾將千層製作成圓柱形，靈機一動就決定將珍珠奶茶和千層做結合。在圓柱形的千層灌入鮮奶茶內餡，在端給客人前在奶茶餡上鋪上滿滿的蜂蜜珍珠以及一小坨日本的鮮奶油。

越是了解法式甜點的結構，就會越去思考我們是不是不應該執意複製相同的品項，而是去發想如何將法式甜點和台灣文化做出巧妙的連結。而後我也以鳳梨酥做為發想做出了「鳳梨酥的夢」，以法式手法呈現了台灣的傳統味。在甜點的世界裡，我相信還有很多可能性，我也期許自己能夠以更多台灣元素融入法式甜點當中！

Ingrédient :

份量：10 個
模具：直徑 6.5 cm 高 5 cm 鐵框 10 個，直徑 5.5 cm 高 5 公分鐵框 10 個

千層麵團
油團
可頌片狀奶油 450g
低筋麵粉 180g

麵團
飲用水 165g
白醋 15g
T55 麵粉 425g
鹽 12g
可頌片狀奶油 138g

奶茶打發甘納許
動物性鮮奶油 A 120g
砂糖 20g
葡萄糖漿 20g
錫蘭紅茶粉 10g
白巧克力 40g
可可脂 14g
動物性鮮奶油 B 180g
錫蘭紅茶醬 10g

蜂蜜珍珠
市售珍珠 150g
蜂蜜 10g
鏡面果膠 10g

中澤香緹
中澤乳霜 150g (由苗林行代理)
糖粉 10g

{ 珍 珠 奶 茶 千 層 }

Recette ─────────────────────────────────

圓柱形千層酥:

1. 參照聖多諾黑,p.113。

奶茶打發甘納許:

2. 將白巧克力、可可脂、紅茶醬倒入耐熱量杯中備用。

3. 鮮奶油 A、紅茶粉、葡萄糖漿、砂糖一邊加熱一邊攪拌至小滾,沖入 (2) 進行均質。

4. 將鮮奶油 B 倒入,再次均質,完成後以保鮮膜貼面冷藏至少一夜。

蜂蜜珍珠:

5. 將市售珍珠煮透後沖冷水,濾乾。

6. 將蜂蜜、果膠加入珍珠攪拌均勻備用。

中澤香緹:

7. 將糖粉、中澤乳霜打發至 8 分發,冷藏備用。

組合:

8. 整片的千層以直徑 5.5cm 的模具裁切 , 並且將圓片千層放入圓柱形千層當中。

9. 將奶茶甘納許打發,並灌入圓柱形千層 9 分滿。

10. 鋪上蜂蜜珍珠。

11. 將香緹微微攪拌後,以小湯匙挖起一坨放置在珍珠上即完成。

Essai

寫給生命某一個世紀的靈魂伴侶

琦琦 ── 木溪 MERCIKTN 主理人

甜點的世界遼闊的像一望無際的草原和大海，而層次分明細緻的法式甜點，療癒的更像被濃烈陽光曬得波光粼粼的海面。第一次游進河床法式甜點的這片海洋，就遇見了「鯨鯊」，一款河床的甜點，這是主廚看完紀錄片《餘生·共游》後得到的靈感，提倡不濫捕鯨鯊、拒吃魚翅的理念，食材層次豐富卻不甜膩，他也就像地球上最巨大卻溫順的鯊魚，緩慢卻有一定影響力地成為海底與這個世界最溫柔的存在。

總是大量的工作圍繞在身邊，生命每天像浸泡在柔軟的奶油中，用 200 分的執著和堅持在與這個世界產生連結。甜點裡有著他細膩的思緒，總能平衡日子裡的瑕疵和荒唐。只不過拉回現實世界，卻也能輕易接收到他的直接，不那麼自信感，時而憤怒時而脆弱，偶爾像踩到貓尾巴，情緒一觸即發的讓人措手不及，他的真實需要時間咀嚼，像等待漫長的可麗露出爐，堅硬的外表下，內心卻仍是柔軟。

無論旅行或散步，總是捨不得溜進耳機下面的世界叫醒他與自己獨處的時間，藏在那底下像佈滿了孤獨的青苔，卻沒有迷途的煩惱，思索的都是如何為這個社會還有更多生命分憂解勞，無論世界給了他一場氣候變遷或暴風雪，都能成為他的養份，轉換成一股生命力還給這個世界，他的影響力似乎在每個人心中埋下了一顆種籽，等待日後長成一座又一座的森林。

在他身上可以體驗到很多層次，無論把自己拋往一次又一次的極限，或開始把生活過得很有儀式，很多面向都正走向自我完整的路上。溫柔在他的宇宙更像是一種公式，不管套用在文字或是甜點都能恰如其分地完美詮釋。

有時候我們很像，很能在單獨裡完成自我，謙卑感恩並修正不足，面對各種情境練習都能逐一代謝成為自己的語言和形狀。整理起所有深刻回憶，這本書對我而言也是生命很重要的一部分，看著他一路追逐自己嚮往的目標，沿途成為他的樹洞，傾聽時而憂愁、時而雀躍的靈魂，見證一次又一次他是如何享受在風雨中跳舞，這不僅是一本甜點書，他瘋狂的生命經驗我想也會是生活最療癒的百憂解。

Le
journal
d'un
pâtissier

第七章：Merci Beaucoup

五月的某一天，吃完了午餐到超商領錢，還記得領完錢拿著存款餘額的收據站在超商的店門口整整五分鐘都沒有表情和動靜。我，終於還完了。

整整一年沒有還半毛錢的自己，在徒步環島後，短短不到半年內把剩下的一百萬債務全部還完了。還記得那一天心中其實不是雀躍，臉上也沒掛著什麼喜悅，反倒是難以置信，反倒是覺得心中的那顆大石頭突然不見反而有點陌生。那一天回到家，我才開始回想這半年發生的事情，才開始思考為什麼自己能夠死而復生。

後來和親近的員工談起這件事，他們才告訴我，徒步環島後的自己相處起來完全不一樣，當他們出錯我不再歇斯底里檢討對方，而是好好討論並且避免，當遇到問題也願意和他們商量。他們說看著我旅行回來想要振作的那種決心，讓他們想要一起變得更好，也想要在背後推我一把，讓我，讓河床再次站起來。我才明白原來自己並不孤單，我才明白原來一艘船上的人心連在一起會有這麼大的力量。

把開店的資金全部還完的隔天，我們開了會，我宣布了兩件事：
1. 河床就做到 2019 年 4 月租約到期
2. 2018 年底，我會帶大家去巴黎旅行

很多人後來都問我為什麼好不容易懂得經營一間店，而且能讓一間店再次生意穩定是一件不容易的事，為何要選擇結束？我想對我來說開店並且把開店的錢還完是我給自己的底限，也就是為自己的決定而承擔而負責，那個瞬間我發現自己

心中已經不再有恐懼，不再有逃避的事情。也就是說開店從頭到尾對我而言就不是為了賺錢，而是「學習」，學習承擔，學習面對，學習怎麼把一間店開好。而當我真的實踐了這些，對我而言也就足夠了。繼續經營當然好，但是看看當時的自己 24 歲，是不是真的想把青春都放在這個方塊裡，是不是還有一些期許自己的事等著去執行，我想我自己也想知道答案。

如果沒有他們，沒有我的夥伴，我不可能再次振作起來，也不可能讓河床的生意再次好起來，更不要說我願意面對這整間店，無論是外場還是內場。所以當我真的把重擔卸下來的那瞬間，我最想回饋的就是這些一路相伴的夥伴、家人。我希望能在河床結束以前給他們一場旅行，讓我表達心中的感謝。

我想在開店的將近四年，這個過程裡絕對有我做的很差勁的時刻，也絕對沒辦法讓所有人滿意，所以我除了很感謝客人以外，也很感謝和我共事的夥伴，給我很多的包容，很多的體諒，讓我知道我不完美，讓我知道我有很多不足之處。

其實經營一間店，心情上的轉折是相當有趣的，從剛開店被捧高高的，得意洋洋很自滿，到後來發現自己充滿問題，是個失格的領導人，內心挫敗內疚。最後克服問題，承擔開一間店的所有責任，並且相信自己。這個過程看似漫長卻也慢慢成就了今天的我。

然而有趣的是，到了後期好像越覺得不足，即使自己已經很誠實面對問題或者困難，但有些事情卻也不是那麼簡單可以解決的。我似乎希望自己

的眼界更開闊，希望自己做甜點的能力可以更上一層樓，我相信我自己還不是一個足夠豐富的人，我相信我的生命應該會有更多的可能性。

在決定將河床經營到 2019 年租約到期後，每一天最幸福也最珍惜的時刻就是走進河床工作，每天都帶著滿滿的感恩，珍惜最後和它相處的時光。其實我壓根沒決定將河床結束以後我要去哪裡？要做些什麼？我就只是有著直覺很篤定我得這麼做，而我相信隨著直覺走，很多答案會慢慢浮出水面。

2018 年的聖誕節，我臨時起意準備 200 份甜點寄到台東孩子的書屋，做為聖誕節禮物送給孩子們，當時接洽我的人告訴我，他們不希望孩子白白拿到這些甜點，希望我能夠過去帶著他們體驗甜點是如何生成，但礙於當時是聖誕節正值甜點店的旺季，我無法抽身，所以答應他們等河床告一個段落，我就過去。而這一個承諾便在我的心裡種下了一顆新的種子。

當我看見孩子們品嚐甜點的照片時，我突然心頭冒出了六年前許下的願「倘若有一天我真的在我的甜點之路走出了一片天空，我一定要把我的幸運分享出去。」，所以我決定搬去台東，我要把我的幸運分享給這些孩子。

我曾經掙扎過，想著我現在真的夠了嗎？我真的做出自己的一片天了嗎？但如果這樣想下去，答案永遠都不會出現的，因為錢永遠賺不夠，名氣永遠有進步的空間，蛋糕也永遠做不完。如果不是現在，那會是什麼時候？

就這樣在河床倒數的幾個月，我為我的下一步設下了新的計劃，我決定到偏鄉住上一段時間，帶孩子們做法式甜點。

河床結束前的倒數兩週，門口每天排著上百個客人，我總是躲在內用區角落看著排隊的人潮，心裡有著難以言喻的激動，曾幾何時有這麼多人在這間甜點店留下如此深厚的回憶和連結，曾幾何時我以為再也沒辦法好起來，卻讓一間店再次來到這麼熱絡的狀態，回想著這幾年的顛簸，眼淚不知不覺就一直往下流。

2019 年 4 月 29 日，河床的最終營業日，外頭從早上八點開始就排起了隊伍，在營業前已經有超過 150 人。在正式開門前，我帶著所有工作夥伴來到了門口，對著夥伴，對著排隊的客人深深一鞠躬，也在那一刻情緒徹低的潰堤，大哭了起來，隨後我握了正在排隊的每一雙手，親自向每一個人道謝。

雖然我不確定是不是終點，但卻是非常美好的休止符，沒有一絲遺憾和後悔，只有滿滿的感恩和感謝，感謝從小到大無條件支持我的母親，感謝父親溫柔的焦糖烤布丁，感謝初戀讓我烤出了情傷蘋果派，感謝參與我甜點日記的每一個客人，感謝每一個共事過的夥伴，也感謝自己開店的期間抱著沒有退路的決心走到這裡。

在河床結束以後，我也即將開啟新的生活，新的目標，黃偈的甜點日記，未完待續。

Merci Beaucoup.

30

―――――――――――――――― *Titre* ――――――――――――――――

｛ ２ ５ 歳 ｝

Les histoires de pâtisseries ——————————————

25 歲其實是在我 22 歲的時候設計出來的甜點，當時是送給一個我生命當中非常重要的人，那年是她的 25 歲生日，她很喜歡焦糖，又住在盛產芒果的台南，所以我才將兩者合而為一做出這款甜點。印象深刻的是當時是四月初，我跑了好多個市場才得以找到新鮮芒果，但是當對方品嚐並且露出幸福的表情，好像一切都值得了。

突然發現在撰寫這本書的時候我也 25 歲了，我想將這個甜點放進這本書裡面，某種程度也是送給我自己吧，因為 25 歲好像真的是一個新的開始，也會以不一樣的眼光看待人生，理解生命。

25 歲的這一年非常充實，把河床暫停以後我搬到了台東當志工，帶著偏鄉的孩子們做法式甜點，在那裡寫書、陪伴孩子、陪伴自己，也度過了 25 歲的生日，甚至完成了我的線上課程的籌備。很充實很精采，也是自己從來沒想過的人生。能在 25 歲有一本自己的書，對我來說也是很珍貴美好的事情，能用這本書分享自己的人生故事，分享這些有著甜蜜滋味的食譜，對我來說就是一件很幸福的事。

不知不覺來到最後一章，就像是在去法國前的最後一個月，離開法國前的最後一個月，在河床的最後一個月，生活在台東的最後一個月，這些感動我想分享給你們，謝謝你們一路相伴。

Ingrédient :

份量：2 個
模具：直徑 15cm 高 2cm
塔框 2 個，直徑 11cm 高
3cm 矽膠模 2 個

香草杏仁甜塔皮
純糖粉 85g
鹽 2g
無鹽奶油 125g
杏仁粉 40g
香草粉 1g
全蛋 50g
低筋麵粉 250g

焦糖奶餡
砂糖 90g
動物性鮮奶油 75g
全脂鮮奶 200g
香草莢 1 根
蛋黃 35g
玉米粉 20g
吉利混合物 20g
無鹽奶油 125g
鹽之花 2g

鹽之花焦糖醬
砂糖 95g
動物性鮮奶油 85g
香草莢 1/2 根

可可脂 20g
鹽之花 1g
無鹽奶油 29g

芒果凍
芒果果泥 105g
血橙果泥 30g
綠檸檬汁 15g
砂糖 15g
吉利丁混合物 55g
芒果肉 150g

焦糖香緹
砂糖 30g
動物性鮮奶油 120g

香草莢 1 根
吉利丁混合物 8g
白巧克力 10g
動物性鮮奶油 120g

香草鏡面
飲用水 150g
砂糖 200g
葡萄糖漿 50g
香草莢 1/2 根
吉利丁混合物 70g

{ 2 5 歲 }

Recette ────────────────────────

香草杏仁甜塔皮：

1. 參照柚子塔，p.37。

焦糖奶餡：

2. 將香草莢切開刮下香草籽，放入鮮奶油後煮至冒煙。

3. 砂糖煮至深焦糖色，煮熱的鮮奶油慢慢倒入焦糖當中。

4. 隨後將鮮奶加入 (3) 攪拌均勻，開火煮至焦糖完全溶解。

5. 將玉米粉、蛋黃攪拌均勻，將 (4) 慢慢倒入攪拌均勻。

6. 將 (5) 過篩回鍋中，開火一邊攪拌一邊加熱，煮至濃稠大滾後離火。

7. 加入吉利丁至奶餡中攪拌均勻，將其降溫至 45° C。

8. 切塊的室溫奶油、鹽之花一起加入奶餡當中進行均質，以保鮮膜貼面冷藏。

鹽之花焦糖醬：

9. 參照聖多諾黑，p.115。

芒果凍：

10. 將芒果切成小塊備用。

11. 兩種果泥、檸檬汁、砂糖倒入鍋中，煮至 50° C。

12. 將吉利丁加入進行均質溶解。

13. 在直徑 11cm 的矽膠模當中倒入 100g 的果凍液，並且放入 75g 的芒果丁，冷凍備用。

焦糖香緹：

14. 白巧克力、吉利丁倒入耐熱量杯中備用。

15. 將香草莢切開刮下香草籽，加入鮮奶油當中煮至冒煙備用。

16. 砂糖煮至深焦糖色，緩緩倒入煮熱的鮮奶油，攪拌均勻後倒入 (14) 進行均質。

17. 待白巧克力、吉利丁全溶解，慢慢倒入第二份鮮奶油繼續均質，以保鮮膜貼面冷藏至少一夜。

接下頁 >>>>>

Recette ——————————————————————————————————

香草鏡面：

18. 將香草莢切開刮下香草籽，加入除了吉利丁以外的材料，將其煮至大滾。

19. 離火後加入吉利丁進行均質，過篩後以保鮮膜貼面冷藏至凝固。

組合：

20. 在塔殼當中先擠入 60g 的焦糖醬，並且填入焦糖奶餡抹平。

21. 鏡面加熱至 30°C 進行均質，芒果凍放置於烤網，將淋面淋上芒果凍，再把多餘鏡面抹除，

22. 完成淋面後的芒果凍放置到塔上。

23. 將冷藏一夜的焦糖香緹取出，將其打發至足夠硬挺。

24. 將香緹裝入擠花袋，在塔的周圍擠上香緹即完成裝飾。

31

—— *Titre* ——

｛ 百 果 山 姑 娘 ｝

Les histoires de pâtisseries ————————————————————

在法國學習甜點時有幸上到法國 MOF 名廚 Arnaud Larher 的課程，在課程以前就一直很喜歡他的甜點，其中一款甜點是以玫瑰、荔枝、覆盆子搭配，這是一個很常見的組合，但大多數的甜點師可能會把主角交給覆盆子，畢竟歐洲盛產覆盆子。然而 Arnaud 主廚卻以「荔枝」做為主角，課堂中主廚也表明可惜法國沒有產荔枝，很難取得新鮮的，常常得以糖水荔枝做為替代。當時這番話有點點醒自己，想起自己的故鄉員林百果山，每年夏天正是荔枝盛產的季節。小時候媽媽常常帶著我跟姊姊到百果山樂園玩，樹上飽滿艷紅的荔枝、熟透的荔枝掉落在地面，讓迎面而來的風都帶著荔枝香氣。而百果山不只是我的故鄉，也是童年回憶，常覺得光是這座山就足以讓我創作好多甜點。

所以當我回到台灣迎接第一個夏季時，就決定要用新鮮荔枝來重新詮釋在法國吃到的美味。減輕甜度，增加輕盈感，也希望吃到甜點的人都能感受到台灣水果的美好。值得一提的是荔枝得一顆一顆用細針去籽，雖然麻煩又費工，但食用的時候真的非常享受呢！這一款甜點也是向我尊敬的 Arnaud Larher 師傅致敬，他在課堂裡告訴我們，這一堂課雖然短暫，但希望學習到他的技術和創作理念後，我們能夠融會貫通用自己的技法以及家鄉的味道重新創作，希望有一天也能讓他嚐嚐這款百果山姑娘。

Ingrédient :

份量：10 個	砂糖 140g	葡萄柚果凍	飲用水 120g
模具：長 7.5cm 寬 7.5cm	蛋黃 80g	飲用水 150g	砂糖 60g
高 2cm 塔框 10 個	低筋麵粉 80g	葡萄柚果汁 220g	荔枝利口酒 40g
		砂糖 150g	
香草杏仁甜塔皮	玫瑰英式蛋奶醬	果凍粉 30g	玫瑰馬斯卡彭奶餡
純糖粉 85g	動物性鮮奶油 250g	紅色食用色膏 適量	玫瑰英式蛋奶醬 250g
鹽 2g	蛋黃 50g		馬斯卡彭乳酪 150g
無鹽奶油 125g	砂糖 40g		玫瑰糖漿 10g
杏仁粉 40g	玫瑰糖漿 15g	覆盆子果醬	烘焙用玫瑰水 10g
香草粉 1g	吉利丁混合物 34g	冷凍覆盆子 150g	
全蛋 50g		市售覆盆子果泥 150g	
低筋麵粉 250g	香草打發甘納許	砂糖 60g	組合
	動物性鮮奶油 300g	果膠粉 7g	市售玫瑰果醬 適量
手指蛋糕	白巧克力 300g	綠檸檬汁 10g	市售乾燥草莓碎粒 適量
蛋白 140g	大溪地香草莢 2 根		去籽新鮮荔枝 20 顆
		荔枝酒糖液	

｛ 百 果 山 姑 娘 ｝

Recette ―――――――――――――――――――――――――

香草杏仁甜塔皮：1. 參照柚子塔，p. 37。備註 : 將塔皮烘烤成 7.5×7.5cm 的方形塔殼備用。

手指蛋糕：2. 參照妮妮，p. 57。備註 : 麵糊抹在鋪上烤盤紙的 30×40cm 烤盤上，以 170°C 烘烤 15 分鐘，出爐後裁切成 5×5cm 的方形備用。

玫瑰英式蛋奶醬 & 玫瑰馬斯卡彭奶餡 & 荔枝酒糖液：3. 參照妮妮，p. 57。

覆盆子果醬：

4. 先將砂糖和果膠粉攪拌均勻備用。

5. 果泥、莓果粒倒入鍋中加熱至 30~40°C，並加入 (4) 均質。

6. 煮至大滾關火，加入檸檬汁拌勻。放涼後倒入容器以保鮮膜貼面，冷藏一夜即可使用。

葡萄柚果凍：

7. 將砂糖、果凍粉攪拌均勻，加入水、色膏、葡萄柚汁中。

8. 將其煮滾後過篩，並到在 30×40cm 的烤盤上，放入冰箱冷卻至少 3 小時。

9. 凝固後以直徑 2.5cm 的模具壓成圓片備用。

香草打發甘納許：

10. 將香草莢切開，刮下香草籽，加入鮮奶油煮至小滾，靜置 10 分鐘。

11. 將鮮奶油再次加熱至小滾，沖入白巧克力均質。

12. 將甘納許倒入容器，以保鮮膜貼面冷藏至少一夜。

組合：

13. 每一個塔中均勻填入 20g 的覆盆子果醬。

14. 在方形蛋糕上刷上荔枝糖酒後塞入塔中。

15. 將香草甘納許攪打至硬挺，填入塔殼中抹平，撒上少許乾燥草莓碎粒。

16. 在塔的斜對角放上去籽的荔枝，再擠上兩坨玫瑰馬斯卡彭奶餡。

17. 在內餡上頭鋪上葡萄柚果凍片。

18. 在荔枝中擠入玫瑰果醬。

19. 最後補上乾燥草莓碎粒作最後裝飾即完成。

32

Titre

{ Merci Beaucoup }

Les histoires de pâtisseries ─────────────────

終於來到最後一章的最後一個甜點食譜了，這款甜點是在 2018 年底做出來的，是為了謝謝陪伴在我身邊的貴人，給了我很大的力量，讓我有勇氣做出許許多多的決定。那年我們一起去東京旅行，一起吃了好多好多莓果口味的甜點。

回頭看看自己的甜點之路，其實走得很不規則，非科班出生的我，從頭到尾只在法國上過 3 個月的基礎課程和幾堂進修課，除此之外都是自學。所以這七年對我來說是真的很不可思議，我想對任何人都是。所以能夠把這七年的故事分享給大家，是我的榮幸，也是一種分享幸運的媒介。我希望大家看完我的故事以後開始相信，其實生命的可能性很多種，就像一座山不可能只有一條路通往山頂，目標或許一致，但路可以有很多種。不要因為別人怎麼說，怎麼做，就覺得自己應該要隨波逐流。

想出一本書這個想法其實已經好多年了，還記得當時 20 歲前往法國就曾經想出一本食譜，只是法式甜點這個世界很有趣，好像越走越沒自信，越走越發現走不完，看不完，當時的自己是真的意識到還太早了。坦白說，河床走到了最後幾個月，我才開始長出一些堅固的自信，才開始相信自己可以做到很多事，而也在那個時間點決定將這幾年的甜點之路寫成一本故事食譜書。

Ingrédient :

份量：10 個
模具：香蕉型模具 20 個，
小香蕉型模具 1 個

香草杏仁蛋糕
杏仁粉 70g
純糖粉 85g
香草粉 1g
全蛋 130g
蛋白 90g
砂糖 20g
塔塔粉 1g
低筋麵粉 25g

覆盆子荔枝果醬
荔枝果泥 50g

覆盆子果泥 50g
冷凍覆盆子果粒 50g
砂糖 15g
果膠粉 4g
綠檸檬汁 5g

草莓酒糖液
草莓果泥 100g
飲用水 25g
砂糖 25
櫻桃白蘭地 50g

義式蛋白霜
砂糖 60g
飲用水 15g
蛋白 40g

荔枝莓果慕斯
草莓果泥 70g
覆盆子果泥 70g
荔枝果泥 70g
櫻桃果泥 30g
櫻桃白蘭地 16g
吉利丁混合物 40g
義式蛋白霜 65g
動物性鮮奶油 170g

白巧克力打發甘納許
動物性鮮奶油 216g
白巧克力 120g
吉利丁混合物 30g
動物性鮮奶油 216g

覆盆子巧克力殼
覆盆子粉 8g
白巧克力 375g
可可脂 90g
乾燥草莓碎粒 20g

組合
切片草莓 適量
草莓巧克力餅乾棒 適量
鏡面果膠 適量

{ Merci Beaucoup }

Recette ————————————————————————————

香草杏仁蛋糕：

1. 參照圓環，p.143。出爐放涼後以小香蕉模裁切備用。

白巧克力打發甘納許：

2. 參照史特拉斯堡的櫻桃白蘭地打發甘納許，p.81。備註：除添加酒外，其餘程序相同。

草莓酒糖液：

3. 參照圓環，p.143。

覆盆子荔枝果醬：

4. 將砂糖和果膠粉攪拌均勻備用。

5. 將兩種果泥與果粒裝入鍋中加熱至 30~40°C，加入 (4) 均質。

6. 繼續加熱，期間不停攪拌，將果醬煮至大滾後離火，加入綠檸檬汁，以保鮮膜貼面冷藏。

義式蛋白霜：

7. 參照柚子塔，p.37。備註：水替代柚子汁。

荔枝莓果慕斯：

8. 將鮮奶油打至 6~7 分發，並且冷藏備用。

9. 四種果泥加熱至 30°C，並且加入微波融化的吉利丁拌勻，

10. 隨後加入櫻桃白蘭地，進行均質，

11. 將果泥降溫至 25°C，一半分次加入打發鮮奶油拌勻，一半加入義式蛋白霜拌勻。

12. 最後再將兩者混合在一起即完成慕斯。

13. 完成的慕斯須立即使用，以免消泡。

覆盆子巧克力脆殼：

14. 將白巧克力、可可脂、覆盆子粉融化並且均質。

15. 使用前加入乾燥草莓碎粒，並且在 45°C 時進行使用。

接下頁 >>>>>

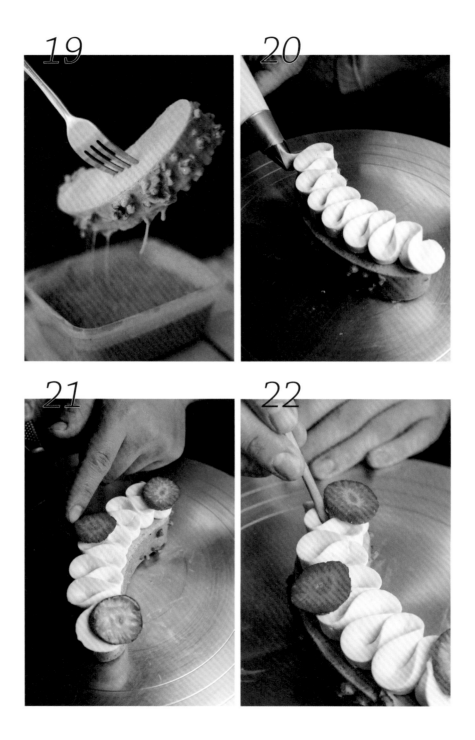

Recette ————————————————————————————————————

組合：

16. 在兩片蛋糕上刷上草莓酒糖液，並且擠上果醬後夾起，冷凍備用。

17. 在香蕉模中擠入慕斯，以小抹刀抹勻，塞入蛋糕後補上慕斯抹平，冷凍備用。

18. 將冰硬的慕斯脫模，再次冷凍定型。

19. 以叉子固定好慕斯，沾裹覆盆子巧克力殼。

20. 將打發甘納許攪打至硬挺即可進行擠花。

21. 草莓切片後塗上果膠，每個蛋糕放置三片。

22. 最後在頭尾插上巧克力餅乾棒即完成裝飾。

————————————————————————————————————

Merci :

七個章節正好就是七年，從 18 歲寫到 25 歲，每一年都塞滿了滿滿的故事和經歷，如同我的作品每一年都有著新的個性，品嚐起來也好像能夠感覺到時間在我身上施下的魔法。還記得當時我的好友看完我的草稿，就告訴我我的書裡有太多的「感謝」，但對我來說這七年真的太像一場夢，任誰也沒有想到故事會這樣發展，而我有辦法走到這裡。所以真的除了感謝，我不知道還有什麼詞更為恰當。

謝謝大家，希望你們喜歡這些甜點，這本書。

作者簡介 /

黃 偈

Facebook：黃先生的甜點日記
Instagram：_huang__jie
出生於員林百果山，故開店後的創作總是和百果山上的水果離不開。從小到大都在體制外的環境——森林學校長大，所以與大自然無法分割，也是為什麼命名「河床」給自己的甜點店的原因。16 歲因失戀開始做甜點，發現做甜點療癒了年少易碎的心。18 歲開始做甜點工作室「黃先生的甜點日記」，20 歲隻身前往法國上人生的第一堂甜點課，21 歲創立了河床法式甜點工作室，24 歲因完成了夢想決定再去追尋更遠大的理想。

攝影簡介 /

黃 愛 然

Facebook：少女生活食譜
就讀台北藝術大學，畢業後回到鄉下老家，利用在地農產品經營甜點工作室，結合小農當季盛產製作地方法式甜點。2014 年創立「少女生活食譜」，是甜點作品集，亦是生活紀錄。

黃偈的甜點日記：
32 道法式甜點與追夢隨筆

作　　　　者　黃偈
攝　　　　影　黃愛然
責 任 編 輯　謝惠怡
美 術 設 計　森田達子
行 銷 企 劃　魏玟瑜

發　行　人　何飛鵬
事業群總經理　李淑霞
副 社 長　林佳育
主　　　　編　葉承享

出　　　　版　城邦文化事業股份有限公司　麥浩斯出版
E - mail　cs@myhomelife.com.tw
地　　　　址　104 台北市中山區民生東路二段 141 號 6 樓
電　　　　話　02-2500-7578

發　　　　行　英屬蓋曼群島商家庭傳媒股份有限公司城邦分公司
地　　　　址　104 台北市中山區民生東路二段 141 號 6 樓
電　　　　話　0800-020-299（09:30 ～ 12:00；13:30 ～ 17:00）
傳　　　　真　02-2517-0999
信　　　　箱　csc@cite.com.tw
劃 撥 帳 號　1983-3516
劃 撥 戶 名　英屬蓋曼群島商家庭傳媒股份有限公司城邦分公司

香 港 發 行　城邦（香港）出版集團有限公司
地　　　　址　香港灣仔駱克道 193 號東超商業中心 1 樓
電　　　　話　852-2508-6231
傳　　　　真　852-2578-9337

馬 新 發 行　城邦（馬新）出版集團 Cite（M）Sdn. Bhd.
地　　　　址　41, Jalan Radin Anum, Bandar Baru Sri Petaling, 57000 Kuala Lumpur, Malaysia.
電　　　　話　603-90578822
傳　　　　真　603-90576622

總 經 銷　聯合發行股份有限公司
電　　　　話　02-29178022
傳　　　　真　02-29156275

─── 國家圖書館出版品預行編目 (CIP) 資料 ───
黃偈的甜點日記：32 道法式甜點與追夢隨筆 / 黃偈作 .
-- 初版 . -- 臺北市：麥浩斯出版：家庭傳媒城邦分公司
發行 , 2020.06
208 面；19×26 公分
ISBN 978-986-408-608-5(精裝)

1. 點心食譜

427.16　　　　　　　　　　　109007466

製版印刷　凱林彩印股份有限公司
定價　新台幣 599 元／港幣 200 元
2021 年 6 月初版十二刷·Printed In Taiwan
ISBN　978-986-408-608-5